これだけは知っておきたい!

小さな建設会社の賃金管理

北見昌朗・降籏達生

東洋経済新報社

序文　「現場監督の生涯年収3億円」の時代がやってきた

読者諸兄姉にお尋ねしたい。もしも、この二人を比べた場合、生涯年収はどちらが高いと思われるだろうか？

「工業高校建築科卒　施工管理技術者（現場監督）　1級建築施工管理技士　男性」

「一流大卒　地方銀行勤務　元支店長　男性」

正解は、前者です。

これまでの常識では、銀行員はエリートだったのかもしれません。しかしながら銀行業界が衰退産業に陥っているので、もはや高年収ではありません。50歳前後で出向させられるケースが多いし、残ったとしても50代半ばで役職定年となり年収がガタ減りします。60歳になると嘱託扱いになり年収は300万円程度になって、65歳でお払い箱に。

これに対して施工管理技術者は60歳を過ぎていても働けるし、資格があれば年収もある程度は維持できます。そのため生涯年収が高いのです。本書は「施工管理技術者の生涯年収3億円」を紹介しますが、それは「これからそうなる」のではなく「すでにそうなっている」

のです。

施工管理技術者の生涯年収は、明らかに大卒のホワイトカラーを超えています。

「本当に時代は変わったな」と筆者は感じています。

筆者は中小企業を対象にした昇給賞与のコンサルタント業を行っており、業歴は30年以上です。おかげさまで多数の顧客に恵まれていて、あらゆる業種の賃金を見てきました。

筆者が建設業に対して昔に抱いていたイメージは、

「長時間労働・休日が少ない」

というもので、その年収に関しても特に高い気がしていませんでした。

ところが、その基調が変わったのはほんの数年前からです。令和の時代になってからと言ってもいいでしょう。

建設業の賃金はぐんぐん上がり、他の産業と比べると明らかに高くなりました。

なぜ建設業の賃金は、これだけ上昇したのか要因を考えてみます。

一つ目の要因は、政府の方針です。国土交通省や地方自治体は建設業の賃金の引き上げに熱心で、その入札にあたっては、

「賃上げしていること」

「土曜日を休ませていること」

などを求めてきます。

また、労働基準監督署による指導も厳しくなってきて、サービス残業をさせることもできなくなりました。

二つ目の要因は、建設を学ぶ学生が減ったことです。思い起こしてみますと「コンクリートから人へ」という時代がありました。その頃の建設業は不況を極め、倒産や廃業が多かった。おかげで建設業に対するマイナスイメージが付いてしまい、建築学科や土木学科の人気が下がって、工学部の中で一番応募者が少なくなりました。

三つ目は、これが一番の要因かもしれませんが、若者の就労意欲の低さです。イマドキの学生数は昔の半分しかいません。若者の多くは大学に進学するので、卒業したらホワイトカラーになりたがります。手が汚れる仕事を嫌う傾向があるので、建設業は特に敬遠されがち。建設業は、入ってくる若者が激減したにもかかわらず仕事量があるので、労働力の需給バランスが崩れたのです。そんな次第なので、建設業の賃金は今後も上昇しそうです。

人手不足がひどくなるとともに雇用の流動化が激しくなりました。スカウト業者が高い紹介手数料を求めて活発に動いています。

建設業の経営者は、雇用の問題が頭痛の種になっているようで、筆者にも建設業の会社からの相談が増えています。

「ヨソはいくら払っているの？」

「スカウトされてしまわないか心配」

などという相談です。

同時に増えてきたのはスカウトの失敗です。大した能力もない人を高い賃金で雇い入れてしまって後悔している経営者も増えています。

本書では、昇給の仕方を解説しながら、高過ぎる金額で雇ってしまった人の年収の見直し方法も伝授させていただきます。

賃金の支払い方は、まさに建設業の経営者の悩みの種です。

経営者のニーズに応えようとしたら、筆者には根拠となる賃金データがありました。

そこで筆者は、一つの志を立てました。建設業の賃金相場を調べることです。実際の賃金明細を集めて、有資格者ごとに分析して、相場を導き出すのです。

もっぱら建設業を対象にした賃金調査は２０２３年版が初回ですが、それに続いて２０２４年版も完成し、最新のデータを披露できるようになりました。本書でそれを披露するとともに、賃金制度作りの秘訣を披露させていただきます。

本書は、建設業向けの技術コンサルタントである降籏達生氏との共著の形です。降籏氏とは同じ名古屋に在住しており旧知の間柄です。建設業に精通した降籏氏が「人事評価の行い方」を執筆してくださったことで内容が濃くなりました。

「現場によって条件が異なる建設業で、どのようにして人事評価をすれば良いのか」という問いに答える内容です。

降籏氏にはあらためて御礼を申し上げます。

２０２４年12月

株式会社　北見式賃金研究所　**北見昌朗**

目次

目次

後編　人事評価

降籏 達生

第11部　人事評価の目的は人材育成　225

第12部 建設会社の人事評価 ここが問題 235

第13部 建設会社の人事評価基準 255

第 1 部

一般産業界の
常識が通用しない建設業界

建設業の賃金は、一般産業界の常識が通用しない気がします。思い付くまま挙げると、こんな感じではないでしょうか？

（一般産業界の常識）
大卒初任給は21万円ぐらい（東京都の中小企業の相場）
休みは120日未満
資格の有無は参考程度
中高年になったら昇給が低くなる
60歳以降は年収ダウン
高年齢になったら再就職困難

（建設業界の常識）
大卒初任給は23万円以上が当たり前
休みは120日以上
資格の有無は決定的
有資格者だったら昇給が止まらず

有資格者は60歳以降も年収が下がらず
高年齢でもスカウトされる

まず違うのは初任給です。

一般の中小企業ならば、例えば東京都の場合、全産業平均の大卒初任給は21万円（２０２４年入社）ぐらいが相場です。これに対して建設業は23万円以上が当たり前になっています。もちろんスーパーゼネコンになると25万円以上のところもあります。

年間の休日数は、一般の中小企業ならば、１１５日から１２０日ぐらいが相場ですが、建設業なら１２０日以上でないと振り向いてもらえません。

（注）職種は施工管理技術者で、新卒採用の場合の相場です。

昇給は、一般の中小企業ならば中高年になったら昇給が低くなるものですが、建設業なら昇給を抑えることも難しい。なぜなら有資格者で手に職がある技術者ならば転職の機会はいくらでもあるからです。

大きな違いは、60代の処遇です。一般の中小企業ならば60歳以降は嘱託になって賃金が大幅にダウンしていますが、建設業ならばそうとは限りません。資格がなければ賃金がダウンしていますが、有資格者の場合はまず下がりません。

それどころか高齢でもスカウトされるケースが珍しくないからです。実際に賃金データをつぶさに見ていると、「60歳の人が年収700万円で引き抜かれた」という例が珍しくないのです。

建設業は65歳定年制を採用する動きが顕著になりつつあるように、一般産業界とは事情が違います。

動画①　パスワードは不要です

第2部

「ズバリ！
実在賃金」とは

その1

賃金明細を大量に集めて行う実態調査

モットーは「現地・現物」

筆者は、賃金コンサルタント業を営んで30年以上です。賃金コンサルタントとは、昇給や賞与・退職金に関する助言を行うのが仕事です。

筆者は、賃金コンサルタントとして仕事をするにあたり心掛けていることがあります。それは「現地・現物」です。

自分の足で情報を調べる。それも大量に。

←

何がどうなっているのか？　何が問題なのか？　データを基に考える。

←

何をどうすればいいのか自分の頭で考え抜く。

←実践論をわかりやすくまとめる。
←中小企業の社長に助言をする。

筆者は思考するにあたって、役所が発表している情報や、役所の発表をそのまま載せている新聞は信用しません。

実は、筆者は若い頃新聞記者をしていました。役所の発表は、隠された調査目的として省庁の予算拡大や公務員給与の引き上げがあります。その発表を鵜呑みにして記事を書く新聞がアテにならないことはよく知っているからです。

ズバリ！　実在賃金（全業種）の完成は２００５年

筆者が作っている中小企業の賃金統計「ズバリ！　実在賃金」とは、実際に支給された賃金明細を基に、賃金相場を割り出すものです。賃金計算の結果だから、そこに恣意の入る余地がありません。

筆者は、２００５年から毎年作成してきました。事務所がある地域「愛知県版・岐阜県版・三重県版」は、顧客の賃金データだけで毎年1万人以上のサンプルがあります。

また、同業の社会保険労務士のネットワークがあるので、首都圏版・東京都版・千葉県版・埼玉県版・神奈川県版、関西圏版・大阪府版・兵庫県版・京都府版、群馬県版・福島県版・福井県版なども揃っており、今では全国四十七都道府県をカバーできました。賃金サンプルは全国の合計で3万人以上に及びますので、公的統計と比べて数的にも遜色がありません。

ズバリ！　実在賃金（建設業版）の完成は2024年度

ズバリ！　実在賃金は全業種を対象にしていましたが、建設業の場合は有資格者別に特別に調べる必要がありました。そこで建設業界に特化した調査を行いました。初回の2023年版は全国で5000人以上のデータが集まりました。初回でしたから分析方法やグラフの作成の仕方で悪戦苦闘しました。

2024年度の賃金は5882人集まりました。そのデータを基にした2024年版が完成し、本書はそのデータに基づき執筆しています。

本書が刊行されるのは2025年1月ですので、書店に並んだ際はまだホカホカの最新データとして活用できるはずです。

その２

独自に収集分析した建設業の賃金データとは

集めた建設業の賃金データは、次のようなサンプル数です。

５８８２人
１４８社

５８８２人の中で資格の有無を確認できたのは１８０２人で、有資格者は次の資格が多くありました。

１級土木施工管理技士　４５２人
１級建築施工管理技士　２９９人
２級土木施工管理技士　１８８人
二級建築士　１６１人

一級建築士　　　　　　118人

このように施工管理技士の人数が多いです。

従業員規模は、正社員300人未満の中小企業に限定しています。

賃金データは、30人未満が24・2%、30人以上100人未満が51・7%、100人以上300人未満が24・1%となっています。つまり「30人以上100人未満」のウエートが高いです。

賃金データが得られた148社の所在地は、全国各地です。

ここで読者諸兄からこんな質問が来そうですね。

Q 地域が異なれば、賃金相場も異なるはず。各県ごとに賃金データを基に、各県ごとの賃金グラフを作成しているのか?

A いいえ。次のような作業を経て作成しています。

①　建設業の賃金データが全国の「各県」から集まって来る。

②「各県」ごとの賃金データに対して地域補正を行うことで一本化して「全国版」の賃金グラフを作る。
③「全国版」グラフを基に、地域補正を行うことで四十七都道府県ごとの賃金グラフを作る。

図表 2-1　地域補正

作業手順①

全国から集めた賃金データを地域補正して

全国データベースを構築

東京都

賃金の全国データベース構築

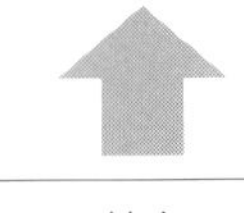

地方

作業手順②

全国データベースに地域補正を加えて

都道府県版を作成

賃金の全国データベース構築

地方版

「地域補正」の行い方は、筆者が生み出したノウハウなので詳述できませんが、次のような手順でできあがります。

①　賃金水準の高い東京は、愛知県（北見式賃金研究所の拠点）の水準に引き下げる。賃金水準の低い地方は、愛知県の水準に引き上げる。
②　全国各地の賃金を愛知県に合わせて全国統一の賃金データベースを作る。
③　全国の賃金データベースに地域補正を加えて各県ごとにグラフを作成する。

こんな過程を経て「北海道版」「青森県版」「岩手県版」「宮城県版」「秋田県版」「山形県版」「福島県版」「茨城県版」「栃木県版」「群馬県版」「埼玉県版」「千葉県版」「東京都版」「神奈川県版」「新潟県版」「富山県版」「石川県版」「福井県版」「山梨県版」「長野県版」「岐阜県版」「静岡県版」「愛知県版」「三重県版」「滋賀県版」「京都府版」「大阪府版」「兵庫県版」「奈良県版」「和歌山県版」「鳥取県版」「島根県版」「岡山県版」「広島県版」「山口県版」「徳島県版」「香川県版」「愛媛県版」「高知県版」「福岡県版」「佐賀県版」「長崎県版」「熊本県版」「大分県版」「宮崎県版」「鹿児島県版」「沖縄県版」という全国四十七都道府県をカバーした賃金グラフができあがりました。

動画②　パスワードは「pG5xMc」です

その3 人員構成から探る建設業の問題点とは

このグラフは、年齢別の人員構成を表しています。

左側が男性、右側が女性です。

年齢は18歳から69歳までです。

平均年齢は男性が44・03歳、女性が40・75歳です。

一目でわかるのは世代間の断層です。30代が極端に少なくて、50代が大勢います。一番大勢いる50歳と、一番少ない38歳とを比べると3分の1しかいません。

なぜ30代は少ないのか？

筆者が思い出すのは、長年続いた建設不況です。

「コンクリートから人へ」という政策が続いた時代がありました。

その当時は、建設業が不況に苦しみ廃業や倒産が相次ぎました。そのせいで、建設業にマイナスイメージが付いてしまい、若者が建設業への就職を避けるようになりました。その頃に20歳前後だった世代が、２０２４年になると30代になっているのです。

建設業は、高齢化という大問題に直面しています。あと5年もすれば最も大勢いる層が50代半ばとなり、60歳定年を迎えることとなります。

マクロ的なデータを基に考えますと、建設業の課題は次のように明確です。

第１　若者が入って定着する業界になること
第２　教育研修により若者が技能を身につけること
第３　中堅層（30代）を中途採用して強化すること
第４　50代が活力を維持しながら技能伝承すること
第５　60歳になったら賃金ダウンする昔ながらの仕組みを止めること
第６　65歳定年制の導入

2024 年度　男女年齢別人員数比較表（建設業界）

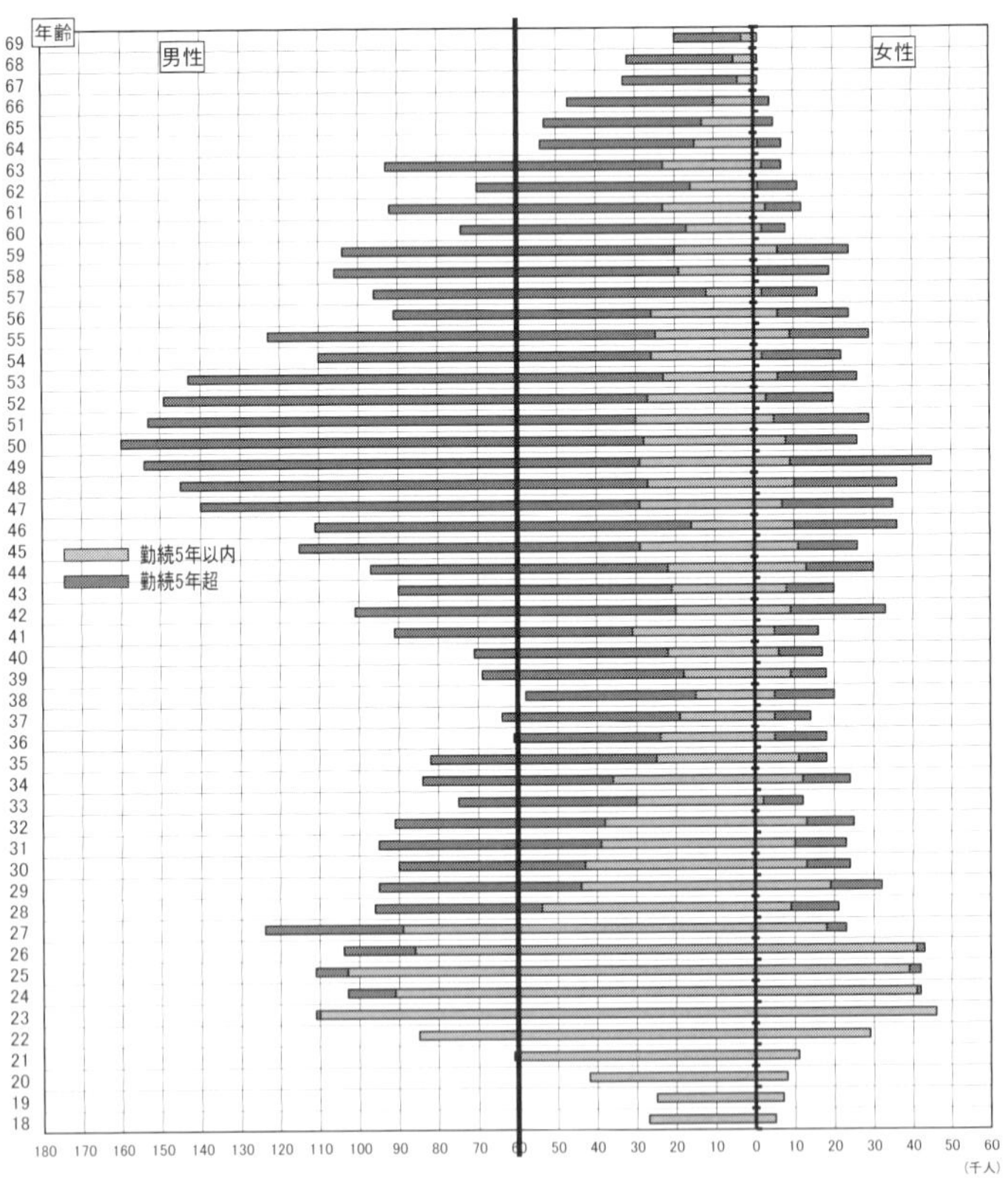

その４

建設業の新卒初任給は

建設業版「ズバリ！ 実在賃金」からはいろいろな事項がわかります。その中で、まず初任給を明らかにします。

主要都市における初任給は次の通りです。単位千円。

東京都（高卒２０１・短大専門卒２１０・大卒２２９）
神奈川県（高卒２００・短大専門卒２０９・大卒２２８）
埼玉県（高卒１９６・短大専門卒２０５・大卒２２４）
千葉県（高卒１９５・短大専門卒２０４・大卒２２３）
愛知県（高卒１９２・短大専門卒２００・大卒２２０）

大阪府（高卒196・短大専門卒205・大卒224）
京都府（高卒196・短大専門卒205・大卒224）
兵庫県（高卒192・短大専門卒200・大卒220）

また、地方に関してはスペースの関係ですべて掲載できませんが、
北海道（高卒182・短大専門卒191・大卒210）
から、
沖縄県（高卒171・短大専門卒179・大卒199）
まで調査は完了しています。

この金額は、2024年4月に入社した人が得た初任給の中位数です。
ここで「初任給」としているのは、基本給に諸手当を加えた「所定内賃金」です。「諸手当」とは役職手当、資格手当、家族手当、住宅手当などですが、通勤手当は入っていません。時間外手当（固定時間外手当も含む）は除外されています。

Q 中位数とは？

A 100人いたら、その50番目の人のことです。「平均値」とは異なります。

Q 当社は新卒を積極採用したい。その場合の相場は？

A 前掲の初任給は、単なる中位数に過ぎません。「採れている会社の相場」ではありません。積極採用したい場合は、さらに足す必要があると考えます。

Q 2025年入社の新卒初任給はいくらが相場か？

A 本書に掲載したのは2024年度の初任給です。ここに2025年度のベースアップを加えなければなりません。2025年度のベースアップがいくらなのか、原稿執筆時点（2024年12月時点に執筆）では予測できませんが、おそらく5000円ぐらい（定期昇給を除いたベースアップ分）だと筆者は思っていますので、その額5000円を足したうえでご判断いただきたい。

Q 2026年4月入社の新卒初任給はいくらが相場か？

A 2025年のベアとして5000円、2026年のベアとして5000円あったと仮定すると前掲した2024年度初任給よりも1万円高くなると予想します。

Q 初任給の相場はネットで調べられるのでは？

A ネットで出てくるのは、主に官公庁とか県経営者協会等の発表です。しかし、それらは2年前ぐらいのデータです。イマドキは「2年分のベースアップ」は小さな額ではありません。しかも官公庁とか県経営者協会等が調べているのは「全業種」の場合が多いので、建設業の初任給を調べたものは意外に少ない。

その5 建設業の賃上げは？

建設業はいくらの賃上げを行っているのか気になるところです。そこで2024年の賃上げを独自調査しました。

調査は、賃金明細を基に行いました。2023年度と2024年度という2年分の賃金を比較して、その差額を出しました。いわゆる定昇とかベアという区分はなく、差額がいくらあったのかという調査です。

調査は、男女ごとに分けて行いたかったのですが、女性のサンプルが少なかったので、男性のみ掲載します。

まず「男性 全年齢」から解説します。「全年齢」というのは、18歳から59歳までの人の昇給を集計したものです。

賃上げは、基本給が上がった額と、諸手当を含めた所定内賃金が上がった額という２つを調べました。

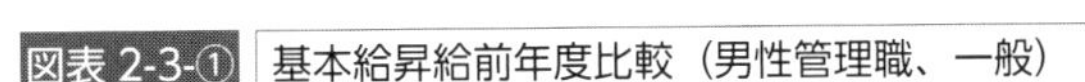
図表 2-3-① 基本給昇給前年度比較（男性管理職、一般）

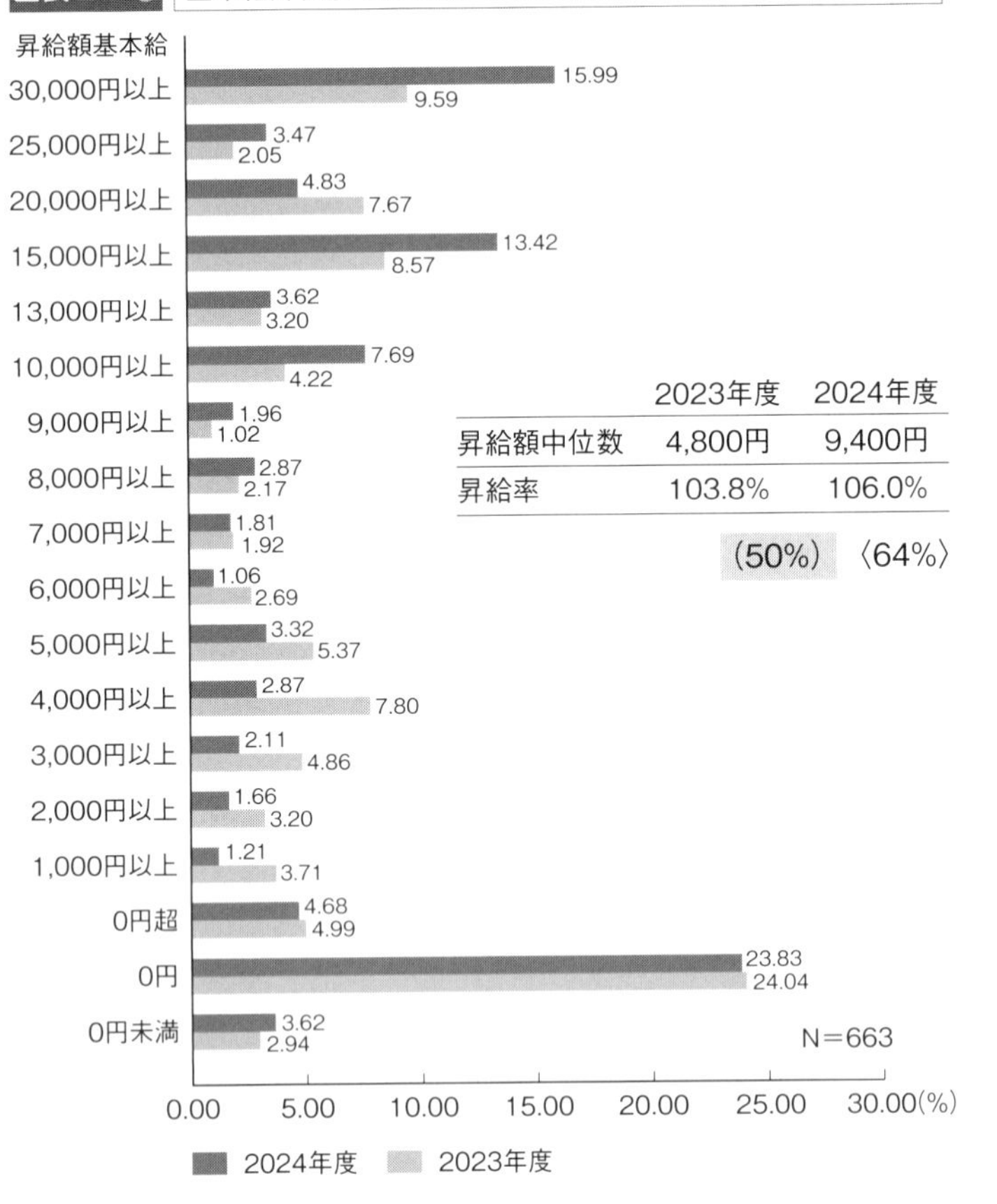

	2023年度	2024年度
昇給額中位数	4,800円	9,400円
昇給率	103.8%	106.0%

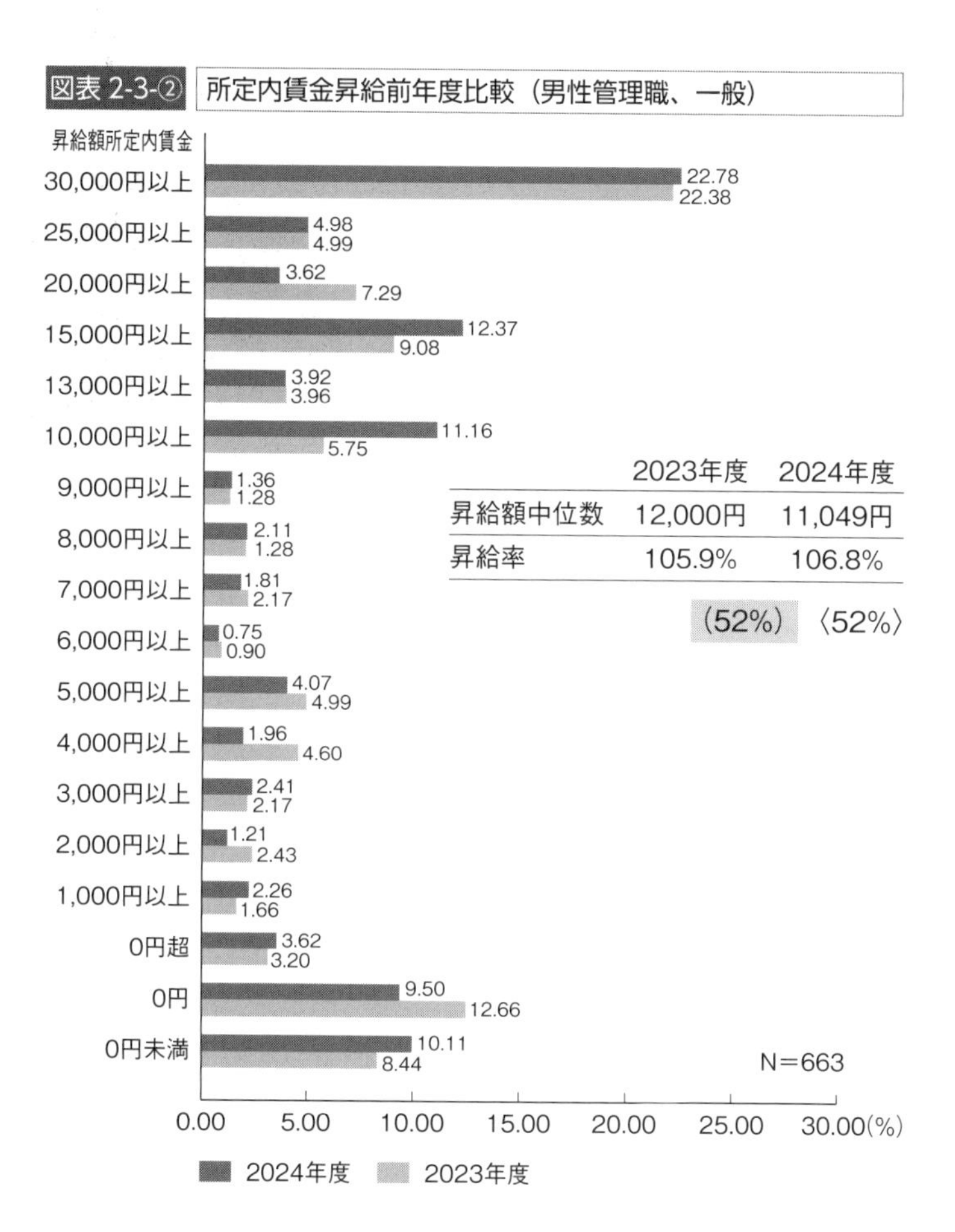

	2023年度	2024年度
昇給額中位数	12,000円	11,049円
昇給率	105.9%	106.8%
	(52%)	〈52%〉

このように基本給は９４００円で、前年比６・０％増という伸びになりました。

所定内賃金は１万１０４９円で、前年比６・８％増になりました。

昇給は２０２２年度までは基本給アップは３０００円台でしたが、２０２３年に大きくなり、２０２４年度になるとさらに大幅な伸びとなりました。

筆者の実感としては、２０２３年度から潮目が変わった感じです。

賃上げ調査は、年代別にも集計しています。「10・20代」「30代」「40代」「50代」です。

「10・20代」の賃上げは次の通りです。

図表 2-4-① 基本給 昇給額（一般男性、10・20 代）

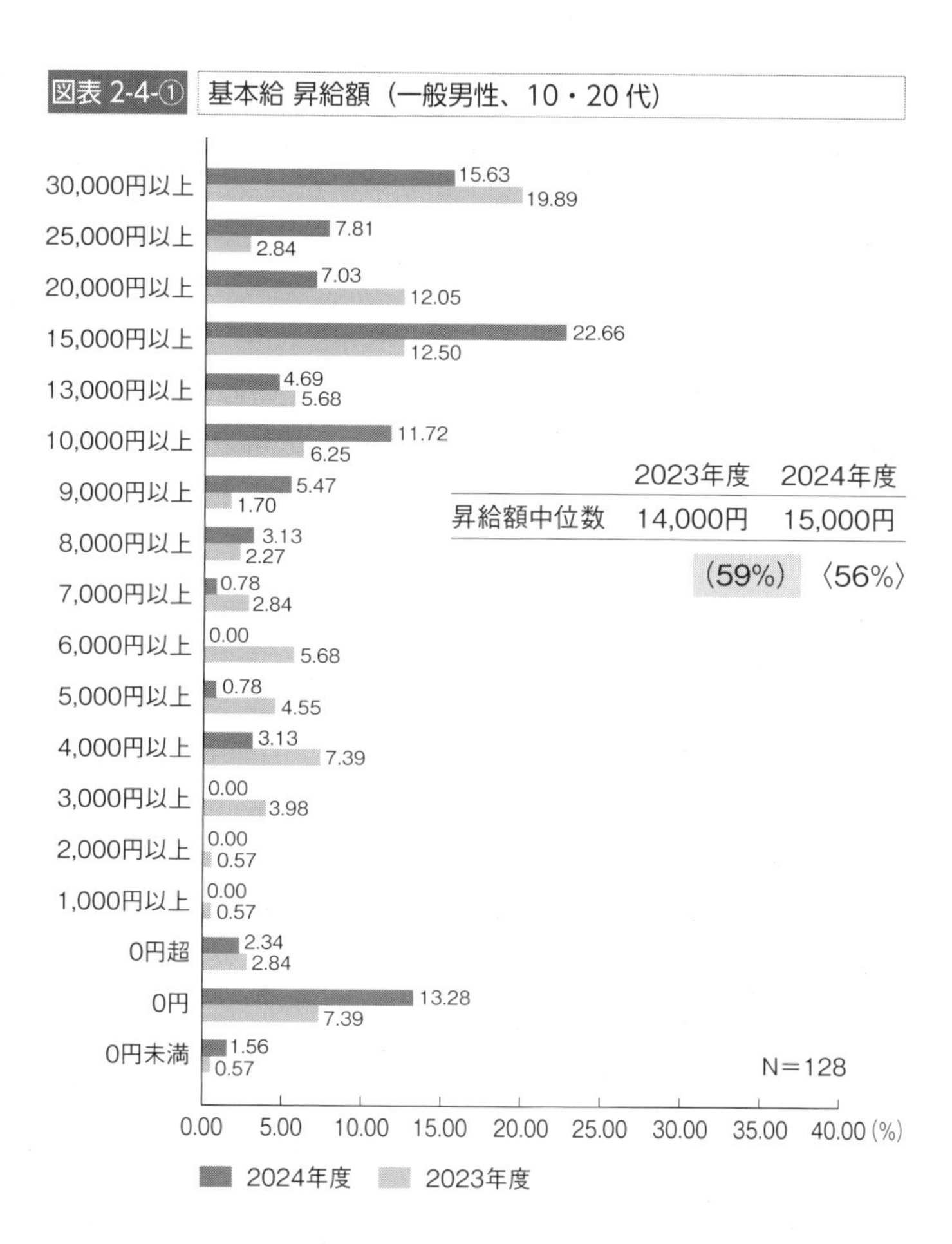

	2023年度	2024年度
昇給額中位数	14,000円	15,000円
	(59%)	〈56%〉

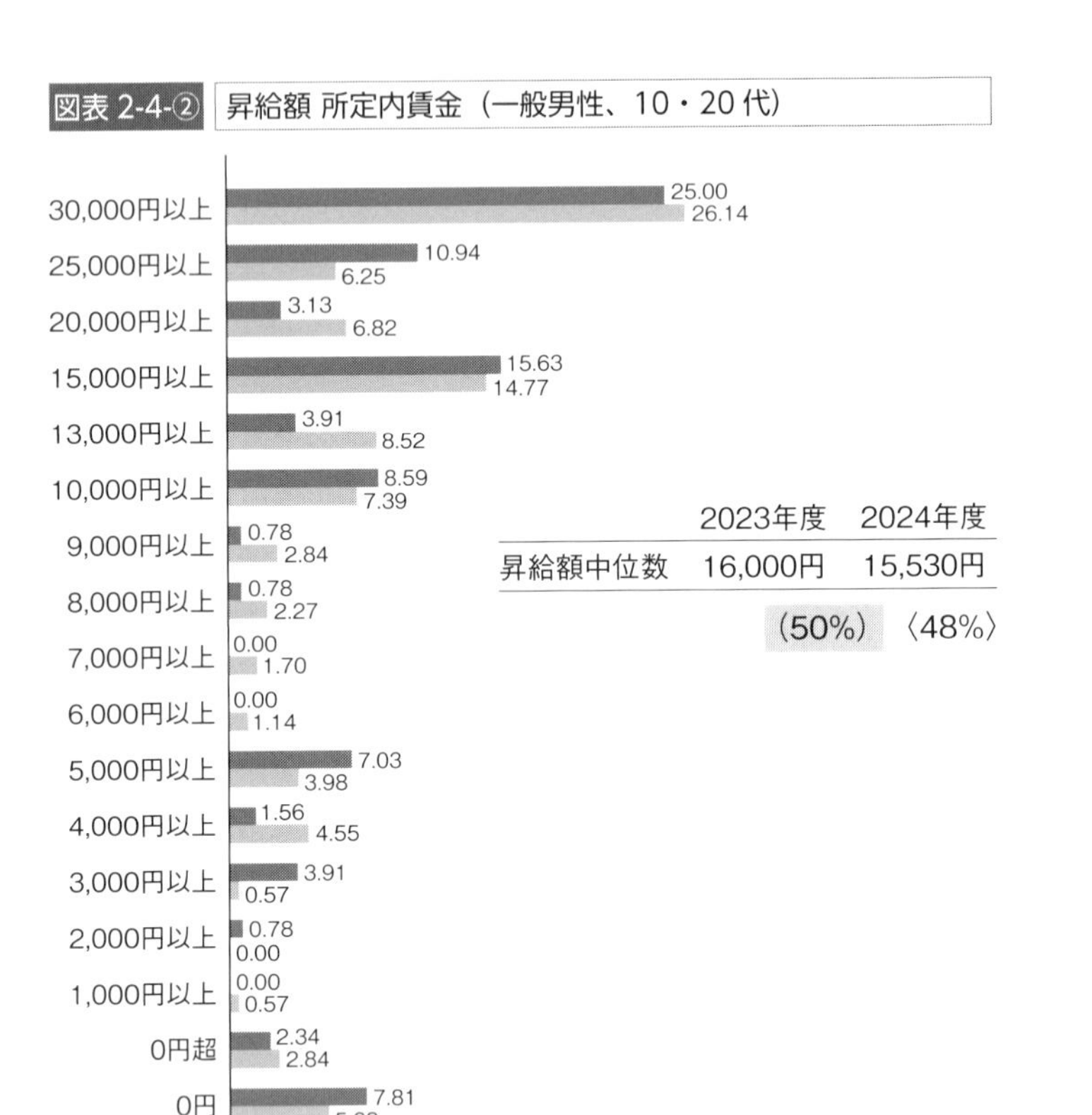
図表 2-4-②
昇給額 所定内賃金（一般男性、10・20 代）
30,000円以上
25,000円以上
20,000円以上
15,000円以上
13,000円以上
10,000円以上
9,000円以上
8,000円以上
7,000円以上
6,000円以上
5,000円以上
4,000円以上
3,000円以上
2,000円以上
1,000円以上
0円超
0円
0円未満
25.00
26.14
10.94
6.25
3.13
6.82
15.63
14.77
3.91
8.52
8.59
7.39
0.78
2.84
0.78
2.27
0.00
1.70
0.00
1.14
7.03
3.98
1.56
4.55
3.91
0.57
0.78
0.00
0.00
0.57
2.34
2.84
7.81
5.68
7.81
3.98
2023年度 2024年度
昇給額中位数 16,000円 15,530円
（50%） 〈48%〉
N＝128
0.00 5.00 10.00 15.00 20.00 25.00 30.00 35.00 40.00 (%)
2024年度 2023年度

このように基本給は１万５０００円増という大幅な伸びになりました。

所定内賃金は１万５５３０円増という極端な伸びになりました。

求人難の中で初任給を引き上げるところが増えているので、その結果、大幅な賃上げになりました。


また「50代」は、次の通りです。

図表 2-5-① 昇給額 基本給（一般男性、50 代）

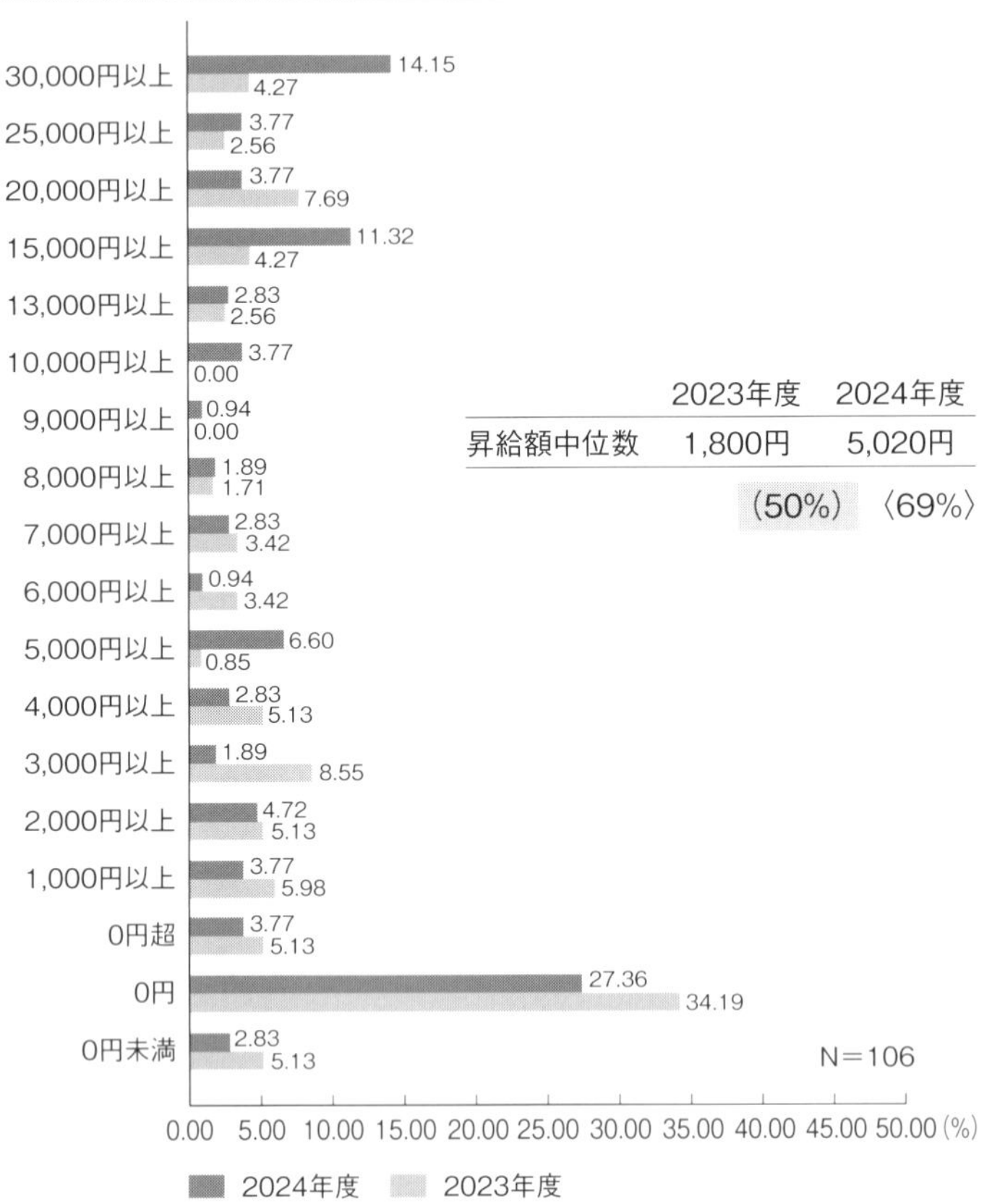

	2023年度	2024年度
昇給額中位数	1,800円	5,020円
	（50%）	〈69%〉

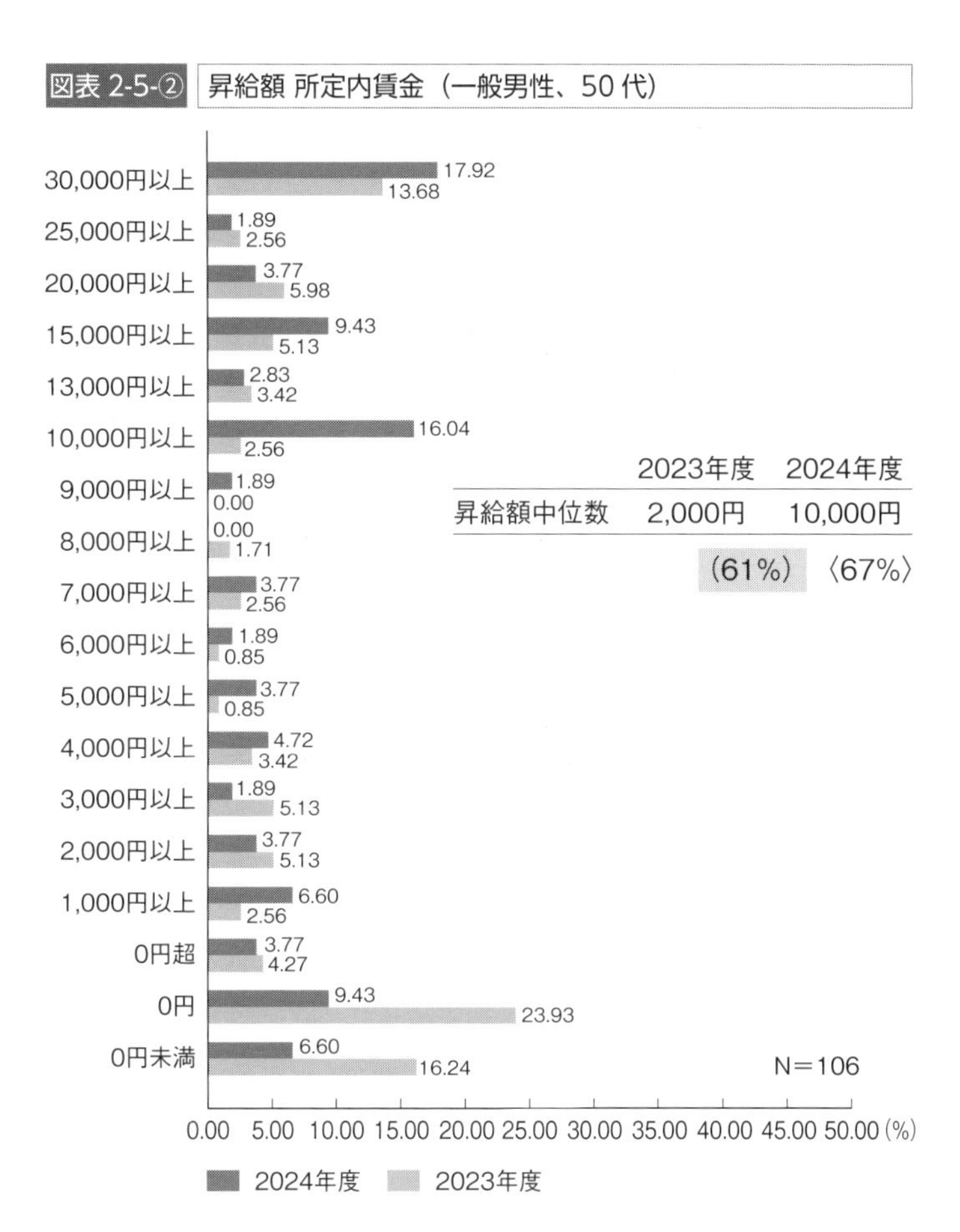

	2023年度	2024年度
昇給額中位数	2,000円	10,000円
	(61%)	〈67%〉

このように50代においても大きな賃上げがありました。

50代は、2022年以前なら少額の昇給しかなかったことを考えると、ベアのみで5000円ほどあったと推察できると思います。

長年調査を続けてきた筆者は、時代の変化を感じざるをえません。

その6

「ズバリ！ 実在賃金 建設業版」とは

このグラフは、「ズバリ！ 実在賃金」（2024年度 東京都版）の年収グラフです。

モノクロで印刷されていますが、実物はもちろんカラーです。

図表 2-6 年収ライン

円

建設業界 ズバリ！実在賃金

プロットのデーター抽出範疇
□地域：東京都 □規模：300人未満
□業種：建設業 □職種：全職種
□賃金年度 2024年

■プロット	プロット数
役員	105
管理職	1078
一般男性	3148
一般女性	912
※勤務年数1年以下含まず 計	5243

■折線グラフ
管理職1級の中位数(2/4)折れ線
管理職の中位数(2/4)折れ線
一般男性1級の中位数(2/4)折れ線
一般男性の中位数(2/4)折れ線
一般女性の中位数(2/4)折れ線
【中位数は真中の位置（中央値）のことです。平均ではありません。】

〈御社ポジション〉 ―御社グラフ従業員数―
御社役員 5年超え 0 5年以下 0
5年超え 0 5年以下 0
男性一般役職者 0 (5年以下含む)
女性一般役職者 0 (5年以下含む)
男性社員 5年超え 0 5年以下 0
女性社員 5年超え 0 5年以下 0
(御社データ年月)
【給与年月】 0
【賞与年月】

資格	人数
技術士	61
一級建築士	110
二級建築士	151
1級建築施工管理技士	291
2級建築施工管理技士	88
1級土木施工管理技士	445
2級土木施工管理技士	180
1級電気工事施工管理技士	38
2級電気工事施工管理技士	17
1級管工事施工管理技士	99
2級管工事施工管理技士	41
1級造園施工管理技士	14
2級造園施工管理技士	8
1級建設機械施工管理技士	21
2級建設機械施工管理技士	42
1級電気通信工事施工管理技士	4
2級電気通信工事施工管理技士	0
第三種電気主任技術者	2
第一種電気工事士	50
第二種電気工事士	74
計	1736

大サイズ：役員、中サイズ：管理職、小サイズ：一般男女
マークに☆が付いているのは勤続年数2年未満

12,500,000
12,000,000
11,500,000
11,000,000
10,500,000
10,000,000
9,500,000
9,000,000
8,500,000
8,000,000
7,500,000
7,000,000
6,500,000
6,000,000
5,500,000
5,000,000
4,500,000
4,000,000
3,500,000
3,000,000
2,500,000
2,000,000
1,500,000

18 20 22 24 26 28 30 32 34 36 38 40 42 44 46 48 50 52 54 56 58 60 62 64 66 68

年齢

無数に点がありますが、それは賃金明細の金額をプロットしたもので、５８８２人分あります。

点はいろいろな形の記号になっていますが、記号の形と色は次のように資格を表しています。

- □ 技術士
- ○ 一級建築士
- △ 二級建築士
- ○ 1級建築施工管理技士
- △ 2級建築施工管理技士
- ○ 1級土木施工管理技士
- △ 2級土木施工管理技士
- ○ 1級電気工事施工管理技士
- △ 2級電気工事施工管理技士
- ○ 1級管工事施工管理技士
- △ 2級管工事施工管理技士
- ○ 1級造園施工管理技士
- △ 2級造園施工管理技士
- ○ 1級建設機械施工管理技士
- △ 2級建設機械施工管理技士
- ○ 1級電気通信工事施工管理技士
- △ 2級電気通信工事施工管理技士
- ◇ 第三種電気主任技術者
- ○ 第一種電気工事士
- △ 第二種電気工事士

また、記号は大きさが異なるものがありますが、それは職位を表しています。

大は役員
中は部課長
小は係長以下

このグラフによって例えば、次のようなことがわかります。

「50歳で、係長以下の一般社員で、１級建築施工管理技士の有資格者はいくらもらっているか？」

「45歳で、部課長職で、１級土木施工管理技士の人はいくらもらっているか」

「60歳の取締役はいくらもらっているか」


ちなみにグラフは次の４つがあります。

① 基本給
② 所定内賃金（時間外手当および通勤手当を除外した諸手当を含んだもの。例えば家族手当・住宅手当・資格手当・役職手当等）

③　賃金総額（時間外手当を加えたもの。いわゆる「総支給」）

④　年収（賞与を加えたもの）

この4つのグラフを作ることにより、例えば次のようなことが立体的にわかるようになります。


「A社は、年収が高い」

「A社の年収が高い理由は、毎月の賃金が高いからである」

「A社の賃金が高いのは、時間外手当が多いせいである」

「時間外手当を除外した所定内賃金は、低めである」

「A社の基本給は、異様に低い。皆勤手当など諸手当が大きく、その分だけ基本給が低くなっている」


このように筆者はグラフにこだわってきました。人間は目で判断をしますので、問題点を一目瞭然にするグラフを作ることが肝要です。

この建設業版の「ズバリ！　実在賃金」は、すでに全国四十七都道府県で完成しています。
だから、例えば次のような診断が可能になっています。

Ｂ社は、北海道の中小建設会社である。
Ｂ社の年収は、北海道の建設業界では低い。
Ｂ社の年収が低い理由は、賞与が小さいせいである。
Ｂ社の賃金総額は、世間並みであって低くはない。
Ｂ社は時間外手当が少ないので、所定内賃金は逆に高い方である。
Ｂ社の基本給は、高い方である。

その7 東京都の中小建設会社の賃金相場

それでは、中小建設会社の賃金相場を具体的に解説しましょう。これは「２０２４年度東京都版」のデータです（57頁参照）。

最初に説明するのは、係長以下の一般男性社員のデータです。

ここに2段に分かれた表があります。上段は「資格の有無を問わない場合の賃金相場」です。下段は「1級の有資格者に限定した場合の賃金相場」です。

ここで「1級」と表現しているのは次の資格です。

1級建築施工管理技士
1級土木施工管理技士
1級電気工事施工管理技士
1級管工事施工管理技士

1級造園施工管理技士
1級建設機械施工管理技士
1級電気通信工事施工管理技士

つまり、施工管理技士（いわゆる現場監督）のことであって、建築士や技術士は入っていません。

賃金は「A基本給、B所定内賃金、D賃金総額、F年収」という区分になっています。

「A基本給」は、その名の通り基本給です。
「B所定内賃金」は、いわゆる諸手当込みの賃金です。例えば家族手当・住宅手当・皆勤手当・役職手当等です。通勤手当や固定時間外手当は入っていません。その諸手当がいくらあったのかは、「B所定内賃金」の右側に「差額（手当）」として載っています。
「D賃金総額」は、時間外手当が含まれています。その時間外手当がいくらあったのかは「D賃金総額」の右側に「差額（残業代）」として載っています。その「残業時間数」も、その右側に載っています。

「F年収」は、「D賃金総額」を12倍して、賞与を加算したものです。賞与額は「F年収」の右側に載っています。

Q&A形式で説明しましょう。まずは若手からいきますので、年齢が「30歳」のところをご覧ください。

【年収】

Q 30歳の一般男性社員の年収はいくらか?

A 上段の「F年収」の30歳のところに511万4000円となっていますので、それが年収です。この上段の金額は「資格の有無を問わない賃金データ」ですので、有資格者も無資格者も含んだ相場です。

Q 30歳の一般男性社員で、1級の資格を持っている人の年収はいくらか?

A 下段の「F年収」の30歳のところに621万6000円となっていますので、それが年収です。

【賃金総額】

Q 30歳の一般男性社員の賃金総額はいくらか？

A 上段の「D賃金総額」の30歳のところに33万３０００円となっていますので、それが賃金総額です。

Q 30歳の一般男性社員で、１級の資格を持っている人の賃金総額はいくらか？

A 下段の「D賃金総額」の30歳のところに39万９０００円となっていますので、それが賃金総額です。

【所定内賃金】

Q 30歳の一般男性社員の所定内賃金はいくらか？

A 上段の「B所定内賃金」の30歳のところに28万１０００円となっていますので、それが所定内賃金です。

Q 30歳の一般男性社員で、１級の資格を持っている人の賃金総額はいくらか？

A 下段の「B所定内賃金」の30歳のところに32万８０００円となっていますので、それが所定内賃金です。

【時間外手当】

Q 30歳の一般男性社員の時間外手当はいくらか？

A 上段の「D賃金総額」の右側が5万2０００円となっていますので、それが時間外手当です。時間数は25・6時間です。

Q 30歳の一般男性社員で、1級の資格を持っている人の時間外手当はいくらか？

A 下段の「D賃金総額」の右側が7万1０００円となっていますので、それが時間外手当です。時間数は29・8時間です。

【基本給】

Q 30歳の一般男性社員の基本給はいくらか？

A 上段の「A基本給」の30歳のところに25万円となっていますので、それが基本給です。

Q 30歳の一般男性社員で、1級の資格を持っている人の基本給はいくらか？

A　下段の「A基本給」の30歳のところに26万9000円となっていますので、それが基本給です。

【諸手当】

Q　30歳の一般男性社員の諸手当はいくらか？

A　上段の「B所定内賃金」の右側に「差額（手当）」というのがあって、そこに３万円となっていますので、それが諸手当です。例えば家族手当・住宅手当・資格手当・役職手当等です。

Q　30歳の一般男性社員で、１級の資格を持っている人の諸手当はいくらか？

A　下段の「B所定内賃金」の右側に「差額（手当）」というのがあって、そこに５万8000円となっていますので、それが諸手当です。

【一般産業界との比較】

Q　建設業で働く30歳の一般男性社員の年収は一般産業界と比べてどうか？

A　上段の「F年収」の30歳のところに511万4000円となっていて、その左側に

「全業種486万2000円」となっていて、差額が25万1000円あります。つまり建設業は全業種よりも年収が25万1000円も高いのです。

Q 建設業で働く30歳の一般男性社員で、1級の資格を持っている人の年収はいくらか？

A 下段の「F年収」の30歳のところに621万6000円となっていて、その左側に「全業種486万2000円」となっていて、差額が135万3000円あります。

図表 2-7　2024 年度 東京都全業種 vs 建設業界
① 30 ～ 50 歳（一般男性、１級有資格者）

東京都全業種一般男性vs建設業界一般男性（資格の有無を問わず）

（単位：円）

	A			B			B-A		
	基本給			所定内賃金			差額（手当）		
	全業種	建設業界	差	全業種	建設業界	差	全業種	建設業界	差
50 歳	282,501	303,215	20,714	314,501	346,683	32,182	32,000	43,468	11,468
40 歳	269,501	281,570	12,069	302,001	322,781	20,780	32,500	41,211	8,711
30 歳	243,801	250,884	7,083	262,942	281,071	18,129	19,141	30,187	11,046

↳家族手当、住宅手当、皆勤手当、役職手当

	D			D-B					
	賃金総額			差額（残業代）			残業時間		
	全業種	建設業界	差	全業種	建設業界	差	全業種	建設業界	差
50 歳	371,069	405,577	34,508	56,568	58,894	2,326	24.5	23.1	-1.4
40 歳	361,312	386,126	24,814	59,311	63,345	4,034	26.7	26.7	-0.0
30 歳	316,963	333,935	16,972	54,021	52,864	-1,157	27.9	25.6	-2.4

↳固定残業代

	F			F-(D*12)		
	年収			差額（賞与）		
	全業種	建設業界	差	全業種	建設業界	差
50 歳	5,581,203	6,005,673	424,470	1,128,375	1,138,749	10,374
40 歳	5,477,723	5,776,327	298,604	1,141,979	1,142,815	836
30 歳	4,862,815	5,114,754	251,939	1,059,259	1,107,534	48,275

東京都全業種一般男性vs建設業界一般男性（1級有資格者）

（単位：円）

	A			B			B-A		
	基本給			所定内賃金			差額（手当）		
	全業種	建設業界	差	全業種	建設業界	差	全業種	建設業界	差
50 歳	282,501	321,875	39,374	314,501	403,750	89,249	32,000	81,875	49,875
40 歳	269,501	307,786	38,285	302,001	365,009	63,008	32,500	57,223	24,723
30 歳	243,801	269,754	25,953	262,942	328,107	65,165	19,141	58,353	39,212

↳家族手当、住宅手当、皆勤手当、役職手当

	D			D-B					
	賃金総額			差額（残業代）			残業時間		
	全業種	建設業界	差	全業種	建設業界	差	全業種	建設業界	差
50 歳	371,069	470,454	99,385	56,568	66,704	10,136	24.5	22.5	-2.0
40 歳	361,312	441,888	80,576	59,311	76,879	17,568	26.7	28.6	1.9
30 歳	316,963	399,892	82,929	54,021	71,785	17,764	27.9	29.8	1.8

↳固定残業代

	F			F-(D*12)		
	年収			差額（賞与）		
	全業種	建設業界	差	全業種	建設業界	差
50 歳	5,581,203	7,153,365	1,572,162	1,128,375	1,507,917	379,542
40 歳	5,477,723	6,906,769	1,429,046	1,141,979	1,604,113	462,134
30 歳	4,862,815	6,216,328	1,353,513	1,059,259	1,417,624	358,365

次に管理職（部長および課長）に関する賃金相場を解説しましょう（60頁参照）。

【賃金総額】

Q 50歳の管理職の賃金相場は？

A 部長は、56万2０００円から50万3０００円、課長は50万3０００円から45万３００0円となっています。

Q 50歳の管理職の中で「1級」を持っている人の賃金相場は？

A 部長は、57万円から51万3０００円、課長は51万3０００円から46万7０００円となっています。

【年収】

Q 50歳の管理職の年収相場は？

A 部長は、９００万2０００円から７９４万8０００円、課長は７９４万8０００円から６８７万3０００円となっています。

Q 50歳の管理職の中で「1級」を持っている人の年収相場は？

A 部長は、902万1000円から810万5000円、課長は810万5000円から715万1000円となっています。

【一般産業界との比較】

Q 建設業で働く50歳の管理職の年収は一般産業界と比べてどうか？

A 上段の「F年収」の50歳のところに794万8000円（中位数）となっていて、その左側に「全業種744万9000円」となっていて、差額が49万8000円あります。つまり建設業は全業種よりも年収が49万8000円も高いのです。

Q 建設業で働く50歳の管理職で、1級の資格を持っている人の年収は一般産業界と比べてどうか？

A 下段の「F年収」の50歳のところに810万5000円（中位数）となっていて、その左側に「全業種744万9000円」となっていて、差額が65万5000円あります。

図表 2-8 2024 年度 東京都全業種 vs 建設業界
② 40 ～ 50 歳（管理職、1 級有資格者）

東京都全業種一般男性vs建設業界管理職（資格の有無を問わず）

（単位：円）

B

	賃金総額								
	上位数			中位数			下位数		
	全業種	建設業界	差	全業種	建設業界	差	全業種	建設業界	差
50 歳	528,796	562,354	33,558	480,324	503,818	23,494	442,596	453,456	10,860
40 歳	506,596	551,064	44,468	446,496	492,356	45,860	409,096	446,031	36,935
	部長級								
				課長級					

F

	年収								
	上位数			中位数			下位数		
	全業種	建設業界	差	全業種	建設業界	差	全業種	建設業界	差
50 歳	8,503,455	9,002,839	499,384	7,449,955	7,948,843	498,888	6,690,063	6,873,981	183,918
40 歳	8,240,955	9,134,338	893,383	7,117,855	7,718,077	600,222	6,339,755	6,678,928	339,173
	部長級								
				課長級					

東京都全業種管理職vs建設業界管理職（1級有資格者）

（単位：円）

B

	賃金総額								
	上位数			中位数			下位数		
	全業種	建設業界	差	全業種	建設業界	差	全業種	建設業界	差
50 歳	528,796	570,044	41,248	480,324	513,809	33,485	442,596	467,120	24,524
40 歳	506,596	490,596	-16,000	446,496	465,659	19,163	409,096	447,351	38,255
	部長級								
				課長級					

F

	年収								
	上位数			中位数			下位数		
	全業種	建設業界	差	全業種	建設業界	差	全業種	建設業界	差
50 歳	8,503,455	9,021,662	518,207	7,449,955	8,105,391	655,436	6,690,063	7,151,462	461,399
40 歳	8,240,955	9,775,655	1,534,700	7,117,855	8,564,453	1,446,598	6,339,755	6,735,141	395,386
	部長級								
				課長級					

その8

60歳以降も賃金が下がらない管理職および有資格者

次に60代の賃金を調べてみましょう（63頁参照）。一般的には60歳以降の年収はガタンと下がるイメージがありますが、建設業の場合はどうなのでしょうか？

結論を申し上げれば、建設業は60歳以降になってもあまりダウンしません。特に管理職および有資格者は高い賃金を維持したまま進んでいきます。

【男性の一般社員】

Q 建設業の一般男性社員は、60歳以降にいくらの賃金をもらっていますか？

A 上段の「B所定内賃金」は59歳で33万4000円でしたが、64歳で32万円となり、95・6％です。年収は59歳で552万8000円でしたが、64歳で501万7000円となり、90・8％です。

このように建設業では、60歳以降も高い賃金をもらえています。

Q 1級の有資格者で、一般男性社員は、60歳以降にいくらの賃金をもらっていますか?

A 下段の「B所定内賃金」は59歳で38万4000円でしたが、64歳で36万2000円となり、94・2%です。年収は59歳で671万6000円でしたが、64歳で607万5000円となり、90・5%です。

図表 2-9 2024 年度 東京都全業種 vs 建設業界
③ 59 ～ 60 歳以降（一般男性、１級有資格者）

東京都全業種一般男性vs建設業界一般男性(資格の有無を問わず)

（単位：円）

	A 基本給			B 所定内賃金			D 差額(手当)		
	全業種	建設業界	差	全業種	建設業界	差	全業種	建設業界	差
減額率	90.1%	96.2%		83.4%	95.6%		79.1%	92.7%	
64歳	258,501	285,961	27,460	262,301	320,112	57,811	290,646	355,560	64,914
59歳	286,801	297,208	10,407	314,501	334,860	20,359	367,229	383,502	16,273

	F 年収		
	全業種	建設業界	差
減額率	73.5%	90.8%	
64 歳	3,974,255	5,017,555	1,043,300
59 歳	5,405,855	5,528,376	122,521

東京都全業種一般男性vs建設業界一般男性(1級有資格者)

（単位：円）

	A 基本給			B 所定内賃金			D 差額(手当)		
	全業種	建設業界	差	全業種	建設業界	差	全業種	建設業界	差
減額率	90.1%	95.6%		83.4%	94.2%		79.1%	92.5%	
64歳	258,501	297,825	39,324	262,301	362,421	100,120	290,646	421,060	130,414
59歳	286,801	311,523	24,722	314,501	384,724	70,223	367,229	455,369	88,140

	F 年収		
	全業種	建設業界	差
減額率	73.5%	90.5%	
64 歳	3,974,255	6,075,103	2,100,848
59 歳	5,405,855	6,716,414	1,310,559

【管理職】

Q 建設業の管理職は、60歳以降にいくらの賃金をもらっていますか？（65頁参照）

A 上段の管理職の賃金総額（中位数）は、59歳で50万6000円でしたが、64歳で49万1000円となり、97・0％です。年収は59歳で765万2000円でしたが、64歳で701万9000円となり、91・7％です。

つまりキーマンである管理職はほとんど賃金が下がりません。

Q 1級の有資格者である管理職は、60歳以降にいくらの賃金をもらっていますか？

A 下段の管理職の賃金総額（中位数）は、59歳で52万4000円でしたが、64歳で49万9000円となり、95・2％です。年収は59歳で789万3000円でしたが、64歳で717万3000円となり、90・9％です。

【一般産業界との比較】

Q 他の産業界と比べるとどうなりますか？

A 上段の年収（中位数）をご覧ください。全業種は59歳で757万1000円だったものが、64歳では686万円となり、90・6％です。それに対して建設業は、年収は59

図表 2-10 2024年度 東京都全業種 vs 建設業界
④59～60歳以降（管理職、1級有資格者）

東京都全業種管理職vs建設業界管理職（資格の有無を問わず）

（単位：円）

	賃金総額								
	上位数			中位数			下位数		
	全業種	建設業界	差	全業種	建設業界	差	全業種	建設業界	差
減額率	97.3%	98.7%		93.5%	97.0%		92.7%	96.0%	
64歳	531,596	549,959	18,363	461,396	491,158	29,762	406,596	431,186	24,590
59歳	546,269	557,078	10,809	493,496	506,395	12,899	438,720	449,322	10,602
	部長級								
				課長級					

	年収								
	上位数			中位数			下位数		
	全業種	建設業界	差	全業種	建設業界	差	全業種	建設業界	差
減額率	95.9%	94.8%		90.6%	91.7%		89.0%	93.4%	
64歳	8,354,055	8,401,940	47,885	6,860,855	7,019,760	158,905	5,742,655	6,099,544	356,889
59歳	8,714,387	8,860,880	146,493	7,571,155	7,652,636	81,481	6,454,883	6,532,951	78,068
	部長級								
				課長級					

東京都全業種管理職vs建設業界管理職（1級有資格者）

（単位：円）

	賃金総額								
	上位数			中位数			下位数		
	全業種	建設業界	差	全業種	建設業界	差	全業種	建設業界	差
減額率	97.3%	97.6%		93.5%	95.2%		92.7%	94.3%	
64歳	531,596	562,835	31,239	461,396	499,262	37,866	406,596	444,461	37,865
59歳	546,269	576,413	30,144	493,496	524,218	30,722	438,720	471,077	32,357
	部長級								
				課長級					

	年収								
	上位数			中位数			下位数		
	全業種	建設業界	差	全業種	建設業界	差	全業種	建設業界	差
減額率	95.9%	94.6%		90.6%	90.9%		89.0%	89.1%	
64歳	8,354,055	8,641,441	287,386	6,860,855	7,173,679	312,824	5,742,655	6,243,459	500,804
59歳	8,714,387	9,139,192	424,805	7,571,155	7,893,015	321,860	6,454,883	7,008,409	553,526
	部長級								
				課長級					

歳で765万2000円でしたが、64歳で701万9000円となり、91・7%です。
中でも1級の資格を持っている人は、さらに優遇されています。

その9 役所が出している建設業の賃金統計は参考にならない

賃金センサスはありえない数字だらけ

筆者のように長年にわたって賃金調査をしてきた者からすると、「役所が出している賃金統計はアテにならない」と実感することが少なくありません。その代表選手は厚生労働省が行っている賃金構造基本統計調査（賃金センサス）です。その令和5年（2023年）版を見てみましょう。ここに載せたのは「東京都　建設業　従業員10人から99人　男性」の賃金相場を示すデータです。

まず用語解説から。

「きまって支給する現金給与額」というのは、いわゆる賃金総額であり、通勤手当および時間外手当を含めた額です。

「所定内給与額」とは、始業時刻から終業時刻まで働いてもらえる額で、ここには通勤手当が含まれています。

年収は（「きまって支給する現金給与額」×12カ月）＋「年間賞与その他特別給与額」という算式から出てきますので、筆者が計算しました。

ここでは、こんな疑問があるかもしれません。

Q 正社員を対象にして調べた賃金調査ですか？

A いいえ、非正規を含めた常用労働者の平均値です。「常用労働者」とは、「期間を定めずに雇われている労働者」のことであり、正規および非正規が含まれています。

Q 「所定内給与額」の中に通勤手当は入っていないですよね？

A いいえ、入っています。通勤手当がいくらなのか明示されていないので、想像して差し引くほかないです。

Q 「きまって支給する現金給与額」になぜ時間外手当が含まれているのですか？

A 筆者も同じように疑問を感じますが、この統計ではそうなっています。

図表 2-11 都道府県、年齢階級別きまって支給する現金給与額、所定内給与額及び年間賞与その他特別給与額（東京、D建設会社）

区分	10～99人							
	年齢	勤続年数	所定内実労働時間数	超過実労働時間数	きまって支給する現金給与額	所定内給与額	年間賞与その他特別給与額	年収
	歳	年	時間	時間	千円	千円	千円	千円
男	44.1	10.8	175	10	402.6	382.8	707.0	5,538
20～24歳	23.2	1.0	174	20	295.3	262.3	156.8	3,700
25～29歳	27.9	3.1	171	25	311.8	263.0	341.3	4,083
30～34歳	32.7	6.1	183	17	401.0	367.2	773.4	5,585
35～39歳	37.8	7.1	175	12	469.8	440.3	920.5	6,558
40～44歳	42.4	8.8	182	5	412.4	402.6	872.9	5,822
45～49歳	47.9	14.1	170	3	460.6	452.6	947.1	6,474
50～54歳	52.9	17.5	180	3	434.3	426.4	726.8	5,938
55～59歳	58.3	15.2	169	4	408.9	399.7	623.2	5,530
60～64歳	61.4	17.8	175	7	439.2	423.0	931.9	6,202
65～69歳	68.0	19.5	174	1	406.7	405.0	973.8	5,854

（出所）厚生労働省「令和5年賃金構造基本統計調査」。

読者諸兄姉は、この数字をご覧になって何を感じますか？

筆者の目に留まるのは「超過実労働時間数」、つまり残業時間です。「45歳～49歳」のところを見てみましょう。残業時間は「月間３時間」となっています。中小の建設業で、しかも「45歳～49歳」という働き盛りの男性の残業時間が月間「３時間」だったと言われて、信じる人がいるのでしょうか？

筆者は「ありえない」と断言します。読者諸兄姉も同感されると推察します。

なぜこのような不自然なデータなのか？

それには理由があります。この賃金センサスの調査を行っているのは労働基準監督署だからです。アンケート調査用紙は、労基署から送られてくるのです。その茶封筒を見ると、中小企業の経営者ならドキッとする向きが少なくないでしょう。社長は総務担当者に対して何と言うでしょうか？

「おい、上手に書いとけよ」

総務担当者も心得ていますから、残業時間数は思い切りはしょって書き込むでしょう。

それにしても、違和感があるのは金額です。

「45歳～49歳」の人は定時で帰っても45万２０００円の賃金をもらっていることになっています。残業はほんの３時間しかなく、賃金総額は46万円です。そして年収は６４７万円。

ところが「55歳～59歳」になると所定内賃金が39万9000円になって5万3000円ダウンする。

そして「65歳～69歳」という高齢期になっても所定内賃金40万円をもらえる。

こんな賃金が本当にあるのでしょうか？

賃金センサスに対する違和感は〝平均値〟を指標にしていることです。値の高い人に引っ張られるので、実は、平均値を下回る人が60％近くもいるのです。ですから、平均値は人々の実感と乖離するものです。

話は変わりますが、総務省の家計調査（2023年）によると「二人以上の世帯の1世帯あたり貯蓄現在高は1904万円で、前年に比べ0・2％増加した」そうです。

1900万円なんて、まったくピンときませんよね。これは多額に持っている人に引っ張られたからです。「最多層は200万円未満」だと聞けば納得もできます。

筆者は、平均値で賃金を論じること自体に疑問を感じています。

筆者は中位数という指標を重んじます。これは100人中の50番目の人という意味で、人々のもつ実感に近くなります。

動画③　パスワードは不要です

東京都の中小企業の賃金事情は実態を表していない

次に採り上げるのは東京都の「中小企業の賃金事情」です。その令和５年（２０２３年版）を見てみます。

「第４表の２」に「建設業の実在者賃金」が載っているので転載します。

この金額を見て、読者諸兄姉はどんな印象を持つでしょうか？　筆者なら、次のように感じます。

「高校を出て、建設業に入った男性（50歳〜54歳）が定時で帰って平均的に44万１０００円もらえる」だろうか？

「大学を出て建設業に入った男性（50歳〜54歳）が平均的に年収７７４万円をもらえる」だろうか？

図表 2-12 産業別 実在者賃金（建設業）

高校卒

年齢区分	男性			
	集計人員数	平均勤続年数	7月の所定時間内賃金	令和4年年間給与支払額
（単位）	人	年	円	円
18～19歳	26	0.7	199,869	3,047,800
20～21歳	41	1.8	214,552	3,536,227
22～24歳	45	3.8	254,523	4,439,781
25～29歳	82	6.5	273,077	4,828,629
30～34歳	70	8.7	326,056	5,315,308
35～39歳	72	11.1	339,555	5,921,749
40～44歳	98	11.6	397,231	6,237,087
45～49歳	123	16.9	400,788	6,745,502
50～54歳	143	16.9	441,126	6,856,533
55～59歳	105	16.8	403,815	6,356,743
60歳以上	121	19.2	400,634	6,448,394

大学卒

年齢区分	男性			
	集計人員数	平均勤続年数	7月の所定時間内賃金	令和4年年間給与支払額
（単位）	人	年	円	円
20～21歳	2	x	x	x
22～24歳	31	1.1	244,191	3,535,011
25～29歳	66	3.4	268,243	4,607,098
30～34歳	65	5.7	300,544	5,600,040
35～39歳	59	8.8	350,449	6,338,589
40～44歳	48	10.7	347,947	6,680,116
45～49歳	58	14.0	407,919	7,388,327
50～54歳	47	16.0	445,680	7,742,030
55～59歳	42	17.9	439,041	7,786,436
60歳以上	43	18.1	374,815	6,118,869

（出所）東京都「中小企業の賃金事情」令和5年（2023年版）。

正直なところ、筆者には違和感しかありません。

東京都の賃金調査は、つぶさにデータを見ると常識的にありえないところが多々あり違和感しかない。

「いったい、どこを調査したらそうなるのか！」

「公務員の給与を引き上げる人事委員会の勧告に反映したいので高めな数字を出すのか！」

と声を大にしたいくらいです。

役所の調査統計は、不備が指摘されることがしばしばですが、いずれ東京都のものも問題が指摘されるだろうと筆者は想像しています。

動画④　パスワードは不要です

第 3 部

建設業向け賃金診断

その1

良い賃金制度とは

賃金制度とは「起点」と「カーブ」との組み合わせでできています。

「起点」とは初任給のことであり、なかでも「高卒初任給」が大事です。

「カーブ」とは昇給のことですが、その昇給にも「基本給の昇給」と「諸手当の支給」という2つがあります。

良い賃金制度とは、その「起点」と「カーブ」ができているものです。

筆者は、中小企業の賃金の善し悪しを判断する診断を行っています。その視点とは、起点およびカーブが適切かどうかです。

その２

賃金診断は年収、基本給など４つのグラフを作って行うもの

賃金診断は、次の４つの種類のプロットグラフを作ることから始まります。

①　基本給グラフ
②　所定内賃金グラフ
③　賃金総額グラフ
④　年収グラフ

①　基本給グラフとは、文字通り基本給のグラフです。
②　所定内賃金グラフとは、基本給に諸手当を足したものです。例えば、役職手当、皆勤手当、資格手当、家族手当、住宅手当などです。通勤手当および時間外手当は含まれません。
③　賃金総額グラフとは、時間外手当が含まれたものです。

④　年収グラフとは、賞与が含まれたものです。

賃金のプロットグラフは、なぜこのように4種類も作る必要があるのでしょうか？　それは四方八方から複眼的に診るためです。

①の基本給は「初任給」に該当するものなので、妥当な額かどうかをチェックできます。また、以後の昇給額がいくらだったのかもチェックできます。また、社内のバランスが取れているかどうかもチェックできます。

「うちの会社は基本給が上がらない」

というのは、よく耳にする不満の種です。初任給の基本給、そして入社後の基本給の推移を見るのは重要な視点です。

②の所定内賃金は、諸手当が出ているかどうかをチェックできます。働く人は、会社に不満を持つことが多いですが、その不満とは例えばこんな感じではないでしょうか？

「うちの会社は家族手当すらない。ヨソは出しているのに」

社員に定着してもらうには、諸手当の充実が必要です。

③の賃金総額は、時間外手当も含めた総支給額をチェックできます。働く人にとって大事なのは毎月の手取り額ではないでしょうか？

「生活費として、いくらまで使えるのか？」

というのは、働く人の最大の関心事です。

政府は働き方改革ということで残業を悪者扱いしていますが、果たしてそうでしょうか？時間外手当は毎月数万円も出ているのが常態なので、それも生活給の一部だと筆者は考えています。問題はその多さです。月間で20とか30時間なら適切な範囲だと思います。

④の年収は、賞与の多寡をチェックできます。社員にとって大事なのは年収のはず。特に中高年になると、賃金とは年収のことであって、基本給ではないと思います。

その3

賃金をチェックする10のチェックポイント

賃金のプロットグラフができたら、細部にわたってチェックします。筆者が診ている主たるポイントは次の通りです。

Q1 高齢化していないか？
Q2 新卒が応募してくるような初任給か？
Q3 中途採用者が応募してくるような初任給か？
Q4 採用の失敗に備えているか？
Q5 若手が定着してくれるように昇給しているか？
Q6 基本給のバランスが取れているか？
Q7 資格手当を出してライセンスの取得を奨励しているか？
Q8 時間外手当を適法に払っているか？

Q9 課長（大所長）に昇進したくなるようになっているか？
Q10 60代の人が頑張る賃金を払っているか？

動画⑤　パスワードは「Zn4K7s」です

Q1 高齢化していないか？

では、一つ一つ解説しましょう。賃金診断をする前に診ているのは、実は年齢構成です。そのために表を作っています。これは左側が男性、右側が女性です。縦軸は年齢で、下は20歳から上は65歳まであります。墨が付いている人は、入社５年以内の人です。

このような表を作ると、人員構成がよくわかります。

図表3-1　年齢構成

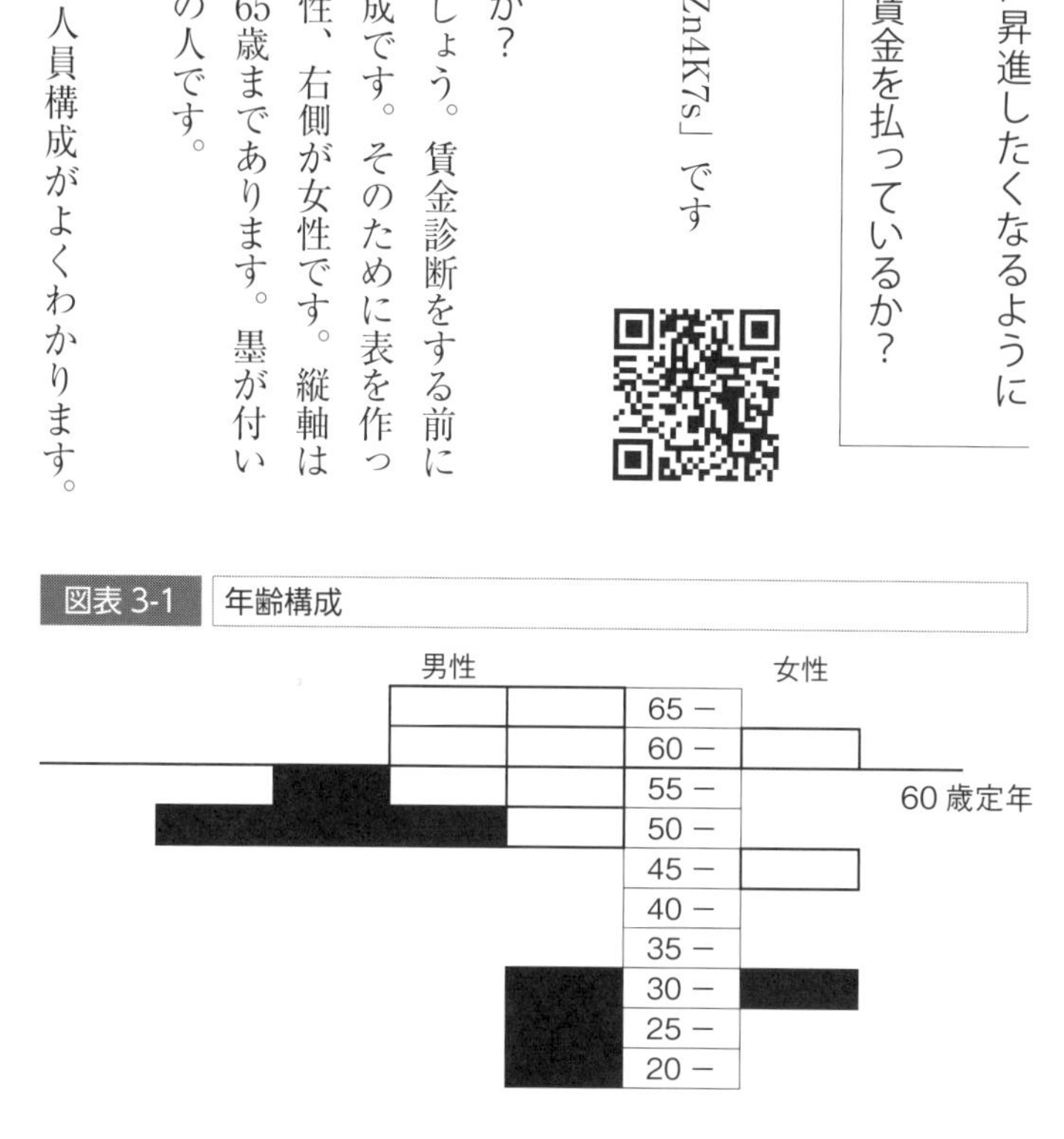

この会社例からは、こんなことが読み取れます。

「入社5年以内の比率が高いので定着率が良くないのでは？」

「若い人が少ない。採れていないのでは？」

「55歳前後が多い。若手への技能伝承が困難では？」

そして、もう一つの表を作ります。それは「5年後の人員構成」です。今いる社員がそのまま5年経ったら何歳になるかです。

これを見ると、次のような課題が浮かび上がります。

「高齢化がいよいよ進展し、60歳定年を迎える人が続出する」

「60歳定年制は維持できない」

経営者にしてみれば、5年後のことは言われなくてもわかっているというかもしれませんが、あえて現実を直視したいものです。

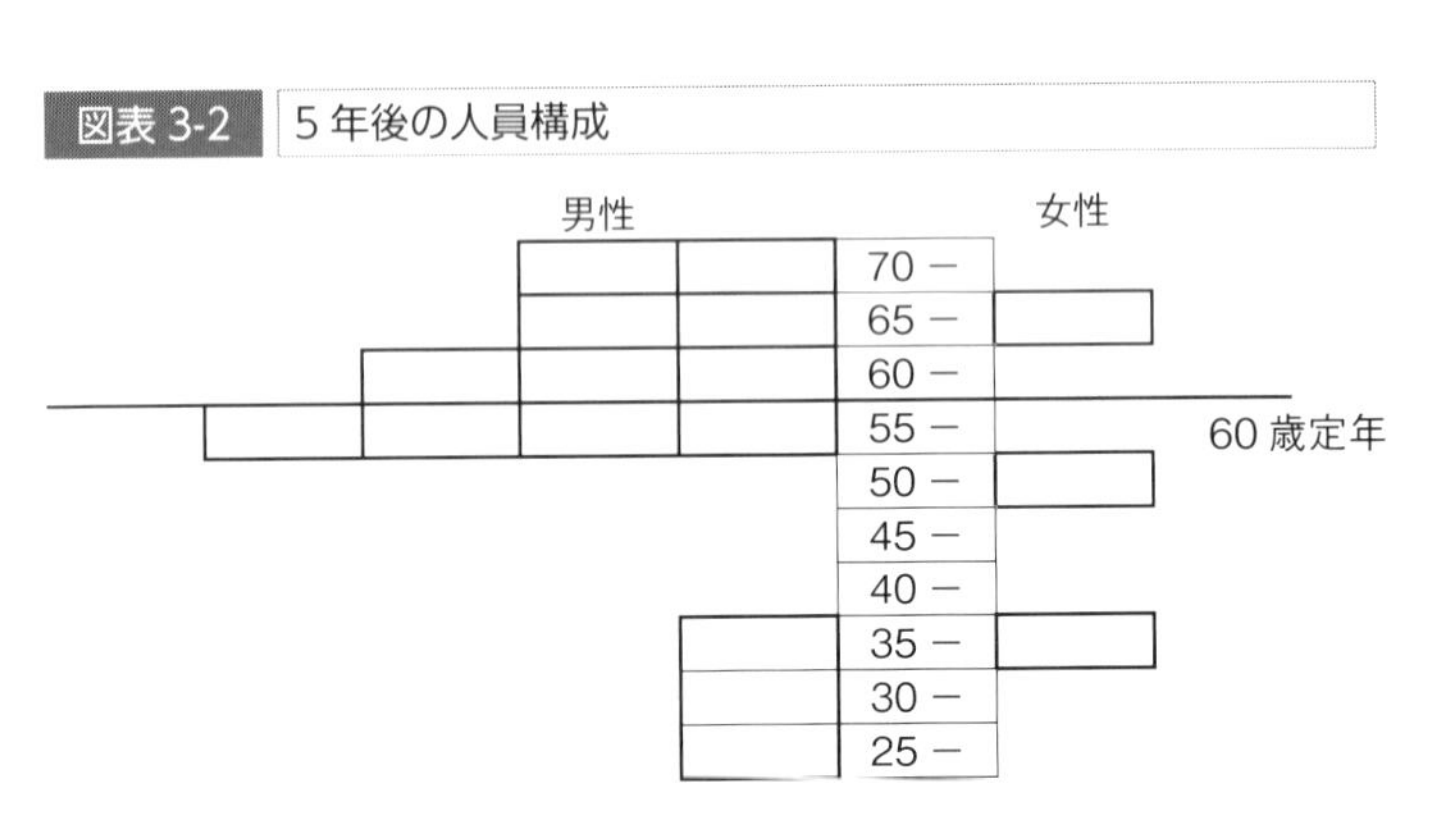

図表3-2 5年後の人員構成

Q2 新卒が応募してくるような初任給か？

新卒の初任給は上昇する一方なので、その金額は最重要項目です。初任給が金額的に見劣りしていないか？　人が集まりそうな内容かが問題です。

例えば、こんな大卒初任給があったとします。

基本給	18万円
皆勤手当	1万円
住宅手当	1万円
固定残業代	3万円
総支給額	23万円

これを見た応募者は、こんな印象を受けるのではないでしょうか？

「初任給23万円となっているが、そこに3万円の固定残業代が入っている」

「残業代を引くと20万円か、高くないな」

「それにしても低い基本給だ」

初任給は、金額だけでなく、内訳にもこだわりたいものです。

Q3 中途採用者が応募してくるような初任給か？

筆者は、新卒に限らず中途入社者の初任給も診ています。中途採用といっても、やはり相場があります。特に若手の場合は歴然とした相場が形成されています。

Q4 採用の失敗に備えているか？

筆者は、社会保険労務士事務所の所長ですから労務管理の難しさは実感しています。体験的に申しますと、新規に雇い入れた人の少なくとも10％以上は失敗だと思います。建設業界は、高い年収で採用するケースが増えているようですが、「こんなはずではなかった」と後悔するケースが少なくないと想像します。採用の失敗だと気付いたら、賃金の見直しが必要になります。そこで問題になるのが初任給の決め方です。本書では後ほど「失敗しない中途採用者の初任給の決定」と題して具体的に申し上げます。

Q5 若手が定着してくれるように昇給しているか？

若手の昇給は、言ってみれば先行投資です。入ってもらう、定着してもらう、やる気を出してもらうには昇給が必要なのは言うまでもありません。

Q6 基本給のバランスが取れているか？

ここにあまり良くない事例を挙げてみます。社員の中で若手のみを取り出しました。

このような例を見たら、筆者なら次のように指摘します。この会社が東京都の中小建設業だとしま

図表3-3　年齢構成

従業員番号	年齢	勤務年数	学歴	職種	職位	A 基本給	B 皆勤手当
1	30	8	大卒	現場監督	主任	226,000	5,000
2	30	12	高卒	現場監督	主任	216,000	5,000
3	30	0	高卒	現場監督		180,000	5,000
4	30	0	大卒	現場監督		226,000	5,000
5	25	3	高卒	現場監督		189,000	5,000
6	22	0	大卒	現場監督		210,000	5,000
7	22	4	高卒	現場監督		200,000	5,000
8	18	0	高卒	現場監督		180,000	5,000

C 役職手当	D 家族手当	A＋B＋C＋D E 所定内給与	F 時間外手当	G 時間外時間数	E＋F H 給与総額
10,000	15,000	256,000	53,162	30	309,162
10,000	0	231,000	25,478	15	256,478
	15,000	200,000	34,007	25	234,007
	0	231,000	47,559	28	278,559
	0	194,000	41,368	29	235,368
	0	215,000	47,426	30	262,426
	0	205,000	48,235	32	253,235
	0	185,000	38,088	28	223,088

す。

●「従業員番号『8』の人は高卒の新卒ですが、給与は基本給18万円＋皆勤手当5００0円です。高卒初任給は18万円であり、採用力が弱い（注：皆勤手当は初任給に含まれません）」

●「従業員番号『6』の人は大卒の新卒ですが、給与は基本給21万円＋皆勤手当5００0円です。大卒初任給が21万円しかないので、採用力が弱い（皆勤手当は初任給に含まれません）」

●「従業員番号『3』の人は入ったばかりの中途採用者ですが、基本給は高卒の新卒者と同額であり、年齢相応の給与になっていない。基本給の決定要素は『年齢給』『勤続給』『査定給』がありますが、貴社はその『年齢給』がない」

●「従業員番号『4』の人は30歳ですが、入ったばかりです。その人の基本給がなぜ『1』（勤務年数8年）と同じなのですか？　貴社は『勤続給』がない」

●「従業員番号『7』の人は高卒後4年経ちましたが、同じ年の『6』（大卒）と比べますと、1万円も低い。これは学歴差別を感じます」

●「従業員番号『1』の人は、30歳の大卒で、勤務年数8年の主任です。『2』の人（高卒）と比べて基本給が1万円も高いのはなぜですか？　学歴差別ではないですか？」
●「従業員番号『2』の人は高卒後に入社して30歳の主任ですので、貴社のモデルとも言えます。基本給21万6000円は高卒の新卒者『8』と比較しますと差額が3万6000円であり、12年で割ると年に平均3000円の昇給があったと推察できます。20代の昇給額としては非常に低いと言わざるをえません。時間外手当を含めた給与総額も25万6000円であり、低く感じます」

このような問題が起きる原因は、賃金表がないか、あっても機能していないからだと思います。

動画⑥　パスワードは「J5qEpY」です

Q7　資格手当を出してライセンスの取得を奨励しているか？

言うまでもなく建設業にとって資格の有無は決定的です。合格一時金だけでなく、資格手当を支給したいものです。

Q8 時間外手当を適法に払っているか？

今さら申し上げるまでもなく法令遵守は当たり前です。例えば、小さな基本給のみで計算して時間外手当の単価を引き下げるなどということはあってはなりません。

Q9 課長（大所長）に昇進したくなるようになっているか？

課長（大所長）に時間外手当を払っていない建設会社がまだ多いようですが、労基法第41条で定めるところの「監督若しくは管理の地位」というのは厳格な要件がありますので、単に課長（大所長）というだけでは認められません。

Q10 60代の人が頑張る賃金を払っているか？

一般の産業界では、60歳定年後は嘱託となり、賃金がガタンと落ちます。しかしながら建設業の場合は、資格があって仕事ができる人ならば基本的に落としません。もし落としてしまうと他社に移る可能性もあるでしょう。

その4

無料賃金診断の申込方法

全国47都道府県をカバー

「ズバリ！　実在賃金」を活用した賃金診断は、全国の都道府県をすべて網羅しています。無料賃金診断は、全国どこからでも受け付けていますが、あまり小規模ではプロットグラフにする意味がないので、正社員20人以上のところとさせていただきます。

賃金データを筆者に送信する際は、次のような内容でお願いします。

氏名不要
オーナー不要
正社員および嘱託（フルタイムで勤務している60歳以上64歳以下）

図表 3-4 賃金診断の記入例

(1) 従業員番号	(2) 性別	(3) 生年月日	(4) 入社年月日	(5) 役職	(6) 管理職・一般区分	(7) 学歴	(8) 理系・文系区分	(9) 職種
101	男	S39.4.15	S60.3.31	部長	管理職	大学院	理系	事務職
				次長	管理職	大学	文系	営業職
				課長	管理職	短大		製造職（生産管理・品質管理・生産技術も含む）
				係長	一般	高専		建築職
				一般	一般	高校		研究職
								企画職
								開発職

	基本給	所定内項目		所定外項目		賞与		
(10) 主な資格	(11) 基本給	(12) 役職手当	(13) ○○手当	(14) 時間外手当	(15) ○○手当	(16) ○年○月夏賞与	(17) ○年○月冬賞与	(18) ○年○月決算賞与
	230,000	10,000	15,000	25,136	12,568	776,840	665,430	384,722

賃金診断（無料）の流れ

①　賃金データを送る。パスワード必要。
②　プロットグラフが添付ファイルで送られてくる。
③　提供されるのは「●県　建設業　年収」。
④　北見式賃金研究所とＺＯＯＭで面談して、診断結果のコメントをもらう。

提供されるものは、例えば東京都の場合は「東京都版　建設業　年収」の上に貴社の社員の年収がプロットされたグラフです。

詳しくは北見式賃金研究所のサイトに載っています。そのページのＱＲコードです。

動画⑦　パスワードは不要です

第 4 部

休日数も募集条件のポイント

職種によっても異なる年間休日の相場

年間の所定休日は何日が相場なのか？

厚労省の就労条件総合調査の令和5年（2023年）版によれば、次の通りです。これは全国の全業種のデータです。

平均日数は「企業単位」および「労働者単位」で出されています。

規模計を見ると、企業平均では「110・7日」で、労働者平均では「115・6日」です。働く側の実感からすれば、もちろん労働者平均の方が近いと思われます。

図表4-1　年間休日総数階級別企業割合

1企業平均年間休日総数及び労働者1人平均年間休日総数

（単位：%）　（単位：日）

企業規模・年	全企業	年間休日総数階級 69日以下	70～79日	80～89日	90～99日	100～109日	110～119日	120～129日	130日以上	1企業平均年間休日総数	労働者1人平均年間休日総数
令和5年調査計	100.0	1.9	1.6	3.5	6.2	31.4	21.1	32.4	1.7	110.7	115.6
1,000人以上	100.0	0.3	0.6	0.7	2.2	20.3	22.0	53.0	0.6	116.3	119.3
300～999人	100.0	0.1	0.8	1.0	2.5	22.2	21.2	50.9	1.1	115.7	117.3
100～299人	100.0	1.2	2.2	2.7	4.3	31.0	21.5	36.2	1.0	111.6	113.1
30～99人	100.0	2.3	1.5	4.1	7.3	32.7	21.0	28.9	2.0	109.8	111.2
令和4年調査計	100.0	4.3	3.1	4.7	6.6	29.6	20.6	30.2	1.0	107.0	115.3

（出所）厚生労働省「就労条件総合調査」令和5年（2023年）版。

筆者は、建設業に絞った年間休日数を知りたいので、次の手段を探しました。

調べる方法は、ハローワークのサイトです。求人票は「年間休日数」を入れると何件がヒットするのか調べられますので、そこから相場を把握します。

◉施工管理技術者の新卒採用なら休日は１２０日が当たり前

対象を「新卒を対象にした正社員の求人票」に絞り、なおかつ「東京都勤務」に絞ってみました。職種は「建築・土木・電気工事」の中の「建設技術者（工事監督、設計技術者等）」および「土木技術者（工事監督、設計技術者等）」に絞ったところ、求人票は１６６件が出てきました。

件数を調べると次の結果でした。

１２５日以上　48件
１２０日以上　１１７件　★相場
１１５日以上　１３１件
１１０日以上　１４３件
１０５日以上　１６０件

この結果を見ると、「現場監督の新卒採用」の年間休日は120日が当たり前のように見えます。

◉現場の職人の中途採用なら休日は110日以上

次に場所を「大阪府」に変更してみました。対象は「中途採用者」「正社員」です。建設といいましても、いろいろな職種がありますが、現場的なものとして「左官、タイル張・内装・防水工等」「配管工」「大工」「とび工、型枠大工、鉄筋工（建設軀体工事）」「建設・土木作業員」を選択してみました。すると求人票は1647件が出てきました。件数を調べると次の結果でした。

125日以上	128件	
120日以上	375件	
115日以上	454件	
110日以上	582件	★相場
105日以上	1035件	
100日以上	1148件	

これを見ると、１１０日以上が相場のようです。

◉電気・通信工事の中途採用なら休日は１１０日以上

次に場所を「愛知県」に変更してみました。対象は「中途採用者」「正社員」です。「電気工事作業員」「通信設備作業員、送電線等架線・敷設作業員」を選択してみました。すると求人票は６０１件が出てきました。

件数を調べると次の結果でした。

１２５日以上　35件
１２０日以上　１５１件
１１５日以上　２０５件
１１０日以上　２８２件　★相場
１０５日以上　４５３件
１００日以上　４９７件

これを見ると１１０日以上が相場のようです。

このように建設業といいましても、新卒なのか中途なのかで相場が違いますし、職種によって異なります。

（注）この調査は2024年5月に実施した。

年休の消化率は60％ちょっと

所定休日の次は、年次有給休暇に関して調べてみました。

前述の就労条件総合調査令和5年（2023）年版によれば、次の通りです。これは全国の全業種および建設業のデータです。

これによりますと、全業種では「62・1％」の消化率ですが、建設業は「57・5％」となっていました。

図表 4-2　労働者1人平均年次有給休暇の取得状況

1企業平均年間休日総数及び労働者1人平均年間休日総数

（単位：日）　（単位：％）

企業規模・産業・年	労働者1人平均付与日数	労働者1人平均取得日数	労働者1人平均取得率
令和5年調査計	17.6	10.9	62.1
1,000人以上	18.3	12.0	65.6
300～999人	18.0	11.1	61.8
100～299人	16.9	10.5	62.1
30～99人	16.9	9.6	57.1
建設業	17.8	10.3	57.5

（出所）厚生労働省「就労条件総合調査」令和5年（2023年）版。

第 5 部

中小建設業の賃金制度の作り方

その1

「現場監督　生涯年収3億円」モデル

建設技術者は、世間では「現場監督」などと言われることが多いですが、これまでの感覚ではエリートではないかもしれません。作業服を着て、建設現場で汗水垂らして働いているイメージなので、３Ｋの印象があります。

しかしながら、もう時代は変わりました。資格があって腕もある建設技術者は、現代では現場スペシャリストとして尊重されます。

まだ世間ではあまり知られていませんが、何といってもその生涯年収の高さがずば抜けています。

筆者が作成した賃金表は、ランクごとにいろいろな種類がありますが、次のような前提で作ったものがあります。

【有資格で安心して現場を任せられる担当者（所長）】
○工業高校を卒業して入社した。在学中に２級の施工管理技士の資格を取った。
○28歳で主任となり、役職手当を１万円もらうようになった。
○30歳で１級の施工管理技士の資格を取った。
○32歳で第１子が生まれ、子供手当を１万円もらうようになった。
○34歳で第２子が生まれた。
○35歳で係長（所長）となり、役職手当を２万円もらうようになった。
○時間外手当は毎月30時間分あった。
○59歳までの基本給の定期昇給額は１年平均で３８００円だった。（ベアは別）
○59歳まで賞与は年間で４カ月分あった。
○60歳までは正社員だった。
○60歳から70歳まで平均年収が５００万円以上あった。

このケースの場合は、係長（所長）止まりで終わった現場監督ですが、これでも生涯年収は３億２０００万円になりました。18歳から59歳までが２億６４００万円、60歳から70歳までが５６００万円です。

何と言っても高いのは60歳以降の年収です。それが生涯年収を押し上げるのです。建設業の他の業種の大手企業でも60歳以降は年収３００万円そこそこが大半ですし、その３００万円も65歳までの５年間しかありません。

東洋経済新報社は生涯年収ランキングをよく載せていますが、３億２０００万円というのは堂々とランクインする額です。

東洋経済オンライン編集部が公表した「生涯給料が高い『東京都トップ５００社』ランキング」（２０２３年10月）によりますと、その５００社の平均生涯給料は２億４２３３万円で、その中でも３億円超は２１１社しかありません。

もちろん比較方法が違うので単純比較はできませんが、ずば抜けているのは事実です。

こうしてみると、建設業の方々はもっとプライドを持って良いはずです。

その２

「取締役部長　生涯年収３億6500万円」モデル

次に建設会社で幹部になった人の生涯年収を試算してみました。

【叩き上げの取締役部長】
○工業高校を卒業して入社した。在学中に２級の施工管理技士の資格を取った。
○28歳で主任となり、役職手当を１万円もらうようになった。
○30歳で１級の施工管理技士の資格を取った。
○32歳で第１子が生まれ、子供手当を１万円もらうようになった。
○34歳で第２子が生まれた。
○35歳で係長（所長）となり、役職手当を２万円もらうようになった。
○一般社員時代は、時間外手当は毎月30時間分あった。
○40歳で課長（大所長）になった。

○45歳で部長になった。
○50歳で取締役部長になった。
○59歳まで賞与は年間で4カ月分あった。
○60歳で取締役を退任したが、部長として65歳まで継続勤務した。
○65歳から70歳まで後進を育てながら働いた。

このケースで生涯年収は3億6500万円になりました。この金額は、東洋経済新報社が公表している生涯年収ランキングを見ると、一流の大手企業レベルです。

この賃金表は、これからそんな時代がやってくるぞ！　という意味で作っているのではありません。すでにその時代になっているのです。

子供を持つ親御さんへ

筆者は、この「現場監督　生涯年収3億円という時代がやってきた！」という話を、声を大にして各界にお伝えしたい。

まずお伝えしたいのは、子供を持つ親御さんです。多くの親は、昔からの固定観念にとらわれていると思います。例えばこんな固定観念ではないでしょうか？

一流大学を出て、ホワイトカラーになる人はエリート
ＶＳ
高卒で終わり、ブルーカラーになる人は非エリート

しかしながら、現実はいかがでしょうか？　ホワイトカラーは人余りです。大手企業は業績好調な時にも中高年を対象にした人減らしをやります。転身奨励制度に応募して大手企業を辞めた人は、その後にステップアップできる人はごく少数で、大抵は転職できたとしても年収はガタ下がりです。

筆者はよく申し上げることですが、銀行員は銀行を辞めればタダの人です。でも、現場監督は会社を辞めても現場監督です。

ですから、次のような比較をした場合は、手に職があって資格がある現場スペシャリストの方がはるかに強いのです。

一流大学を卒業して、大手企業に入ったホワイトカラー

ＶＳ
中小建設会社に勤める建設技術者（現場スペシャリスト）

ＩＴ業界よりも建設業は生涯年収が高い

若者から人気があるのはＩＴ業界かもしれません。花形の成長産業ですし、見た目も格好いいでしょう。しかしながら、筆者は申し上げたい。

ＩＴ技術者
ＶＳ
建設技術者

生涯年収は、どちらの方が上になるか？　もちろん建設業です。そもそもＩＴ業界では何歳まで働けるでしょうか？　せいぜい30代ぐらいまでだと思います。中高年になってＩＴ技術者を続けるのは非現実的です。ＩＴ技術者は若い頃は高給取りかもしれませんが、生涯年収では建設業とは比較になりません。

「役所に転職」よりも「民間の現場」の方がいい

最近は官公庁も人手不足になり、建設技術者を中途で採用するようになりました。そのせいで民間の建設会社を辞めて、市役所の土木建築局に転職する人もいます。

しかしながら、筆者は申し上げたい。

> 市役所勤務の建設技術者
> VS
> 民間の中小建設会社に勤める建設技術者

生涯年収は、どちらの方が上になるか？　実は民間の中小会社です。その理由は60歳以降の年収です。官公庁の職員は65歳まで勤務できるかもしれませんが、そこで終わりです。今さら民間に転職して現場で働くことはないでしょう。

それに対して民間では、仕事ができる人には終わりはありません。

動画⑧　パスワードは不要です

その3　若手賃金モデル「30歳　1級施工管理技士　18時半退社　年収600万円　首都圏版」を初公開

「現場監督　生涯年収3億円」という賃金表の話をしました。それは18歳から70歳に至るまでの賃金表です。その中で若手のみを切り出して事例としてご覧いただきます。

それでは、ここから賃金制度作りを解説します。建設業が若手に対して、どんな賃金を払えば良いのかという実物をお見せしましょう。この会社は東京都の中小建設業だったとします。

まず初任給ですが、２０２５年入社の新卒者の初任給は次のような額でいかがでしょうか？

資格手当はハローワークの基準でも初任給に入れていいので、基本給＋資格手当が初任給となります。

資格手当となっているのは「２級建築施工管理技士」程度の資格を持っているという前提で月額１万円となります。１級ならば３万円ぐらいだと思います。

ここでは2級を持っているという前提で、高卒は20万７０００円（基本給19万７０００円＋資格手当1万円）、大卒は23万５０００円（基本給22万５０００円＋資格手当1万円）です。事務系は資格手当がないので、基本給のみとなり、それよりも1万円減です。

ただし、これはあくまでも「中小企業」を対象にした金額ですので、大手はもっと上になるのは言うまでもありません。

図表 5-1　2025 年入社、新卒者の初任給

初任給

		基本給	資格手当
大卒	技術系	225,000	10,000
高卒	技術系	197,000	10,000

	基本給	資格手当
事務系	225,000	0
事務系	197,000	0

図表 5-2　賃金モデル

30 歳　1 級施工管理技士　18 時半退社　年収 600 万円　首都圏版

							A+B+C+D
	A		B	C	D		E
年齢	基本給	昇給	資格手当	役職手当	子供手当	備考	小計
30	280,000	6,000	30,000	10,000			320,000
29	274,000	7,000	10,000	10,000			294,000
28	267,000	7,000	10,000	10,000		主任	287,000
27	260,000	7,000	10,000				270,000
26	253,000	7,000	10,000				263,000
25	246,000	7,000	10,000				256,000
24	239,000	7,000	10,000				249,000
23	232,000	7,000	10,000				242,000
22	225,000	7,000	10,000			2 級合格	235,000
21	218,000	7,000					218,000
20	211,000	7,000					211,000
19	204,000	7,000					204,000
18	197,000						197,000
		3,810 平均定昇					

		E＋G		(A+B+C)*I	(H*12)+J
F	G	H	I	J	K
時間外	時間外手当	賃金総額	賞与月数	年間賞与	年収
30	72,727	392,727	4.3	1,376,000	6,088,727
30	66,818	360,818	4.0	1,176,000	5,505,818
30	65,227	352,227	4.0	1,148,000	5,374,727
30	61,364	331,364	3.0	810,000	4,786,364
30	59,773	322,773	3.0	789,000	4,662,273
30	58,182	314,182	3.0	768,000	4,538,182
30	56,591	305,591	3.0	747,000	4,414,091
30	55,000	297,000	3.0	726,000	4,290,000
30	53,409	288,409	3.0	705,000	4,165,909
30	49,545	267,545	3.0	654,000	3,864,545
30	47,955	258,955	3.0	633,000	3,740,455
30	46,364	250,364	3.0	612,000	3,616,364
30	44,773	241,773	3.0	591,000	3,492,273

	E
奨学金手当	独身寮
150,000	0
150,000	360,000
150,000	360,000
150,000	360,000
150,000	360,000
150,000	360,000
150,000	360,000
150,000	360,000
150,000	360,000

この賃金モデルは「30歳　１級施工管理技士　18時半退社　年収６００万円　首都圏版」という表題が付いています。

イメージとしては「資格を持つ建設エンジニアであって、会社から期待されている若手」です。

勤務時間は17時の終業後に１時間半の残業があって18時半まで勤務していたという前提です。

基本給（Ａ）は18歳が19万７０００円、22歳が22万５０００円となっていますが、これは高卒、大卒の初任給をイメージしています。

基本給の右側にある「昇給額」は、１年あたりの定期昇給額です。その下に「平均定昇」として「３８１０」という数字がありますが、これは18歳から59歳まで１人ずついた場合の平均額です。ちなみに中小建設業の場合は、定昇額は年とともに額が低くなるものです。また、最近は定昇の他にベースアップ（略してベア）もある時代ですが、その場合は賃金全体が底上げになります。

資格手当（Ｂ）は、22歳の時に「２級建築施工管理技士」に合格して１万円の手当となり、30歳で「１級建築施工管理技士」に合格して３万円の手当をもらったという前提です。

役職手当（Ｃ）は28歳の時に主任になったという前提で１万円です。

子供手当（D）は1人につき1万円をお勧めしていますが、ここでは子なしという前提です。

「小計」（E）となっているのは、基本給＋資格手当＋役職手当＋子供手当の合計であって、所定内賃金のことです。

時間外手当（G）は、月間30時間あったという前提で計算した概算数字です。

年収（K）は賞与（J）を含んでいます。ちなみに、この600万円という年収は、一般産業界と比べて100万円以上高いです。

この「年収600万円」という金額は、上場大手の建設業と比較するとどうなのでしょう？　スーパーゼネコンと呼ばれるところは比較にならないぐらい高いので、まったくついていけませんが、社員が数百人程度のゼネコンと比較すれば見劣りしません。

上場企業の年収を把握するサイトはいくつも存在しますが、筆者は「年収マスター」というのを使います。そこは業種別になっていて、「建設業」を選択すれば業界ランキングが載っています。どこかの会社をクリックすれば「年代別年収」を閲覧できます。

「30歳～34歳」のところを見ると、筆者が提案する賃金モデルが遜色ないことをわかっていただけると思います。

ただし、中小企業が上場大手企業についていけるのは、せいぜい30歳ぐらいまでで、中高年になると、その何掛けしかありません。それは収益力の違いだと思います。

その４
基本給表の作り方

本書では、基本給という科目で表示していますが、実際には、その基本給は「年齢給＋勤続給＋査定給」という構成で成り立っており、その合計値を載せています。この賃金表については後の項で詳述します。

その5

役職手当の払い方

この賃金モデルは若手ですから、主任に昇進したという前提で1万円出しています。

その6

資格手当の払い方

この賃金モデルで資格手当となっているのは「2級建築施工管理技士」程度の資格を持っているという前提で月額1万円となっています。1級ならば3万円ぐらいだと思います。

なお、資格手当は、建設業にとって最重要なテーマですから降簱達生氏が「第13部　建設会社の人事評価基準　その⑦資格手当と支給基準の作り方」（２７８頁参照）と題して解説しています。

動画⑨　パスワードは「Pi7cy5」です

第 6 部

賃金の見直し事例集

その1

北見式賃金表とは

ここから賃金の見直し方の事例を紹介しますが、その前提となる北見式賃金表に関して詳述します。

北見式賃金表は、グラフにすると次のようになります。

年齢給は一定の年齢で打ち止めです。建設業の場合、40歳まで上がるようにしています。

勤続給は、10年間まで上がりますが、そこで打ち止めです。

査定給は、人事考課の結果が反映するところです。人事考課は一般的にＳＡＢＣＤという5段階評価ですが、その評価に基づいて額が決まります。

筆者は、若い人に対する賃金は育成期間中であり、先行投資だという認識でいます。

それに対して中高年に対する賃金は、成果（稼ぎ）に対するものであると考えています。

よって40歳以降は仕事のレベルが変わらず、単に前年と同じ仕事をしているだけならば、前年と同じ（昇給なし）で構わないということです。

北見式賃金表の最大の特長は、年齢給にあります。

北見式賃金研究所は、建設業で働く方々の賃金実態をつぶさに調査しています。その賃金グラフの中で重要なのは「勤務年数別の賃金グラフ」で、その中には「入社1年未満の人」の賃金があります。それは、中途入社した人の初任給を意味します。

その中途入社の人の賃金相場に合わせて設定しているのが「年齢給」です。そのおかげで、年齢を聞くだけで中途採用者の初任給を一発決定できるようになりました。

まさにデータのおかげで生まれた発明品です。

図表6-1　北見式賃金表

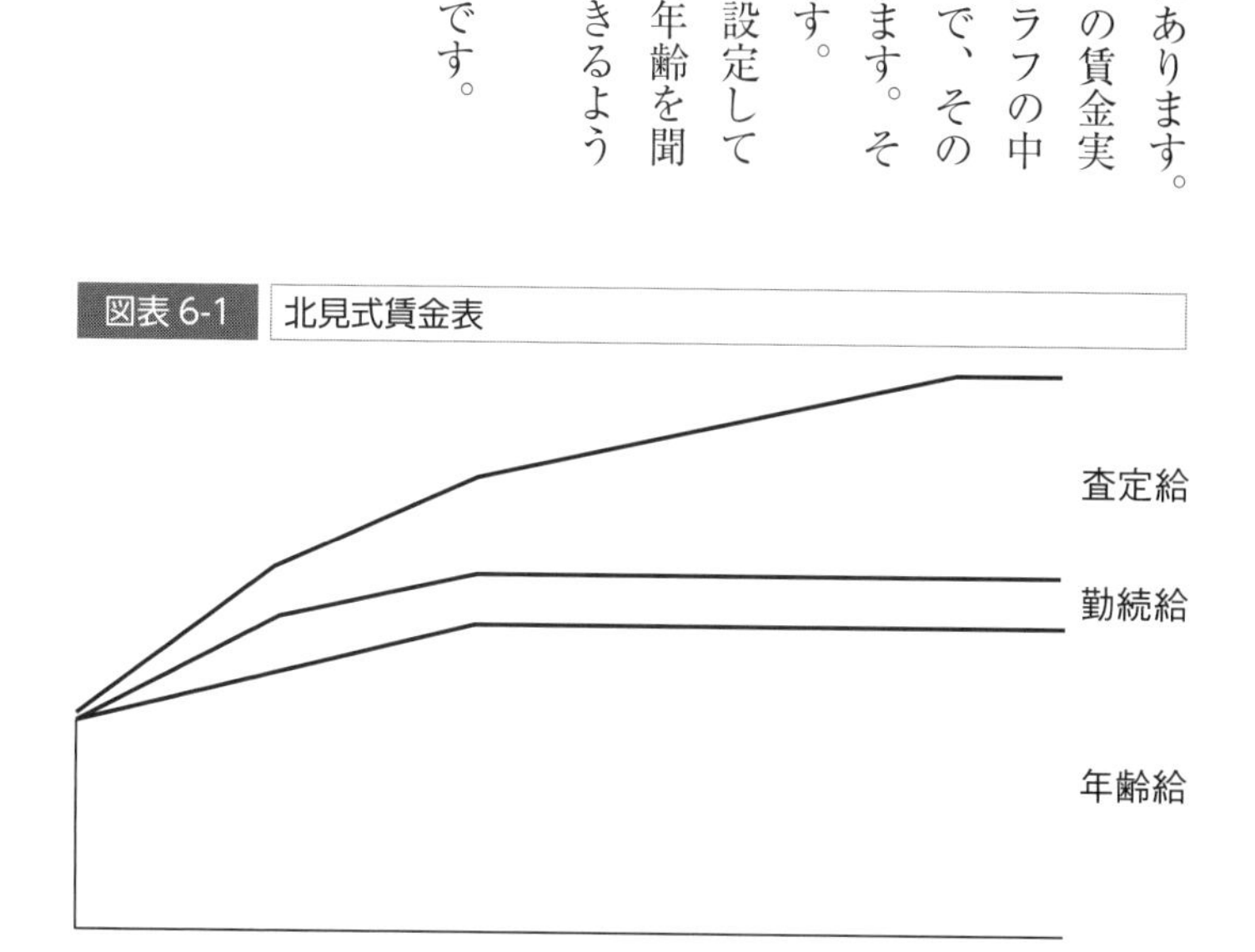

その2

賃金見直しの実例（新卒初任給見直し①）

ここからは社長からの質問に筆者が答える形で、いろいろな相談に乗らせていただきます。

社長　当社は社員30人の建築会社です。本社は名古屋市にあります。民間および公共の両方を受注しています。当社は建築を学んだ新卒を採用したいのですが、そこで困っているのは初任給です。初任給は２０２５年卒の場合で高卒18万２０００円、大卒20万円で、他よりも低いらしい。まず初任給の相場を教えてほしい。

北見　貴社は名古屋市の中小建築会社ということですから、大卒初任給は次の金額以上だと思います。この金額は、相場を考慮したうえでの北見式賃金研究所からのオススメです。

高卒　基本給19万２０００円＋資格手当１万円

大卒　基本給22万円＋資格手当１万円
（注）資格手当は２級建築施工管理技士を取得していたという前提。

つまり貴社は基本給のみを比較すると、高卒で１万円、大卒で２万円低い。

社長　わかりましたが、それでも初任給を引き上げたら、社員全員の賃金を底上げすることになりますよね？　そうなると人件費倒れします。

北見　いいえ、そのご懸念には及びません。貴社の人員構成を見てみましょう。年齢別の構成は左記に載せたように、50歳前後に山があって、40代はほぼおらず、そして30歳以下になると数人います。このように世代が断絶しているのです。

そして、賃金の分布を見ますと、中高年は高く、若手

図表6-2　賃金ライン

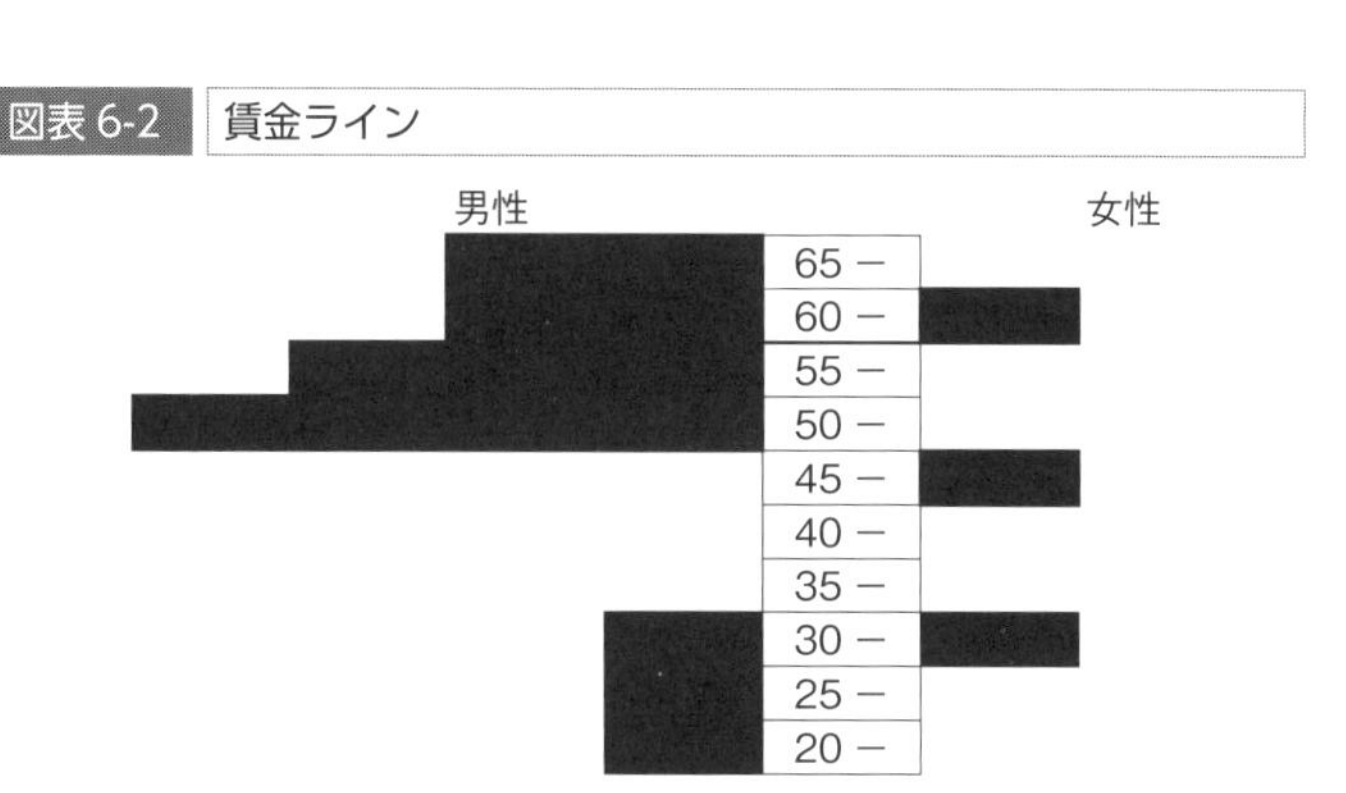

は低くなっています。相場を示すラインと比べると、中高年は上回っていて、若手は下回っています。

　こういうケースの場合は、35歳以下の若手のみ引き上げればいい。例を挙げて具体的に申し上げます。35歳以下の建築技術者は次のように３人しかいません。その基本給は次の通りです。

Aさん　30歳勤務年数３年　基本給24万５０００円
Bさん　28歳勤務年数10年　基本給25万円
Cさん　22歳勤務年数０年（新卒）　基本給20万円

北見式賃金表を当てはめてみましょう。ここでは「B」評価だったとします。すると３人の基本給は次の通りになります。

Aさん　30歳勤務年数３年　基本給25万１０００円（年齢給24万２０００円＋勤続給３０００円＋査定給６０００円）６０００円増

Bさん　28歳勤務年数10年　基本給27万２０００円（年齢給23万８０００円＋勤続給１万円＋査定給２万４０００円）２万２０００円増
Cさん　22歳勤務年数０年（新卒）　基本給22万３０００円（年齢給22万３０００円＋勤続給０円＋査定給０）２万３０００円増

このように若手に対して北見式賃金表を採用すれば、３人合計しても人件費は月額５万１０００円増で済みます。この金額は経営的に受け入れられませんか？

社長　いいえ、それで済むならばお安い。でも、35歳以上の社員の給与はどうなるのですか？

北見　貴社の人員構成は、前述のように世代間で断絶していますので、中高年と若手を比較する必要はないかと思います。中高年の人は、今の賃金に納得して勤務しているわけですから、現状のままでいい。

社長　しかし逆転するのは問題でしょ？

北見　はい。35歳以下の中で最年長はAさんですから、Aさんの賃金よりも低い人を探してみますと、２人のみいます。

Dさん　50歳基本給24万円
Eさん　45歳基本給22万円

この二人について、社長はどう評価されていますか？

社長　Dさんは中途採用者ですが、よくやってくれています。まだ賃金が低いので、上げてやりたいと思っていた。

北見　では、Aさん以上の賃金にしてください。

社長　承知しました。

北見　次にEさんは？

社長　彼は勤務成績が著しく低い問題社員です。だから上げたくない。

北見　それなら現状のままで結構だと思います。つまり賃金の大幅な引き上げは、若手の3人の他にDさんがいるので4人です。他の社員は通常の定期昇給をするだけです。

社長　ところで初任給はどう変わりますか？

北見　この賃金見直しにより、貴社の初任給は次のように変わります。

（見直し前）
高卒　18万2000円
大卒　20万円

←

（見直し後）
高卒　基本給19万2000円＋資格手当1万円
大卒　基本給22万円＋資格手当1万円
（注）資格手当は2級建築施工管理技士を取得していたという前提

社長　見違えました。これなら自信を持って求人票を持っていけます。

動画⑩　パスワードは「J3x8YC」です

その3

賃金見直しの実例（新卒初任給見直し②）

次の問題は、初任給の内訳です。基本給と諸手当の中身の見直しです。

社長　当社は埼玉県の土木建設会社です。社員は25人です。先日、地元の工業高校に行って求人のお願いにまいりました。しかし、就職担当の教諭は、

「低い初任給ですね」

の一言でバッサリ。それ以来お電話しても、

「回せる生徒はいない」

の一点張りでお会いもしてくれません。当社の初任給はそんなに低いのでしょうか？　ちなみにこの金額です。

高卒初任給20万円（基本給14万円＋皆勤手当1万円＋能力手当1万円＋成果手当

1万円＋通勤手当３万円）

この他に食事手当を1食あたり３００円出しています。

北見　社長は、ハローワークの求人票に貴社の初任給がいくらになっているのかを確認されていますか？　ハローワークインターネットで自社の求人票を検索してください。

社長　そんなサイトは見たことがありません。

北見　このように記載されています。

基本給（a）14万円
定額的に支払われる手当（b）なし
固定時間外手当（c）なし
その他の手当（d）皆勤手当1万円＋能力手当1万円＋成果手当1万円＋通勤手当３万円＋食事手当（1食につき３００円）

この中で初任給とは、基本給（a）＋定額的に支払われる手当（b）の合計値（cがある場合はcも加える）です。つまり貴社の初任給は14万円です。

社長　どうしてですか？　20万円でしょ？　それに加えて食事手当もある。

北見　いいえ、ハローワークには初任給の定義があるのです。わかりにくいかもしれませんが、諸手当は次のように区分されています。

定額的に支払われる手当（b）とは、
採用する労働者全員に毎月定額的に支払われる手当。例：役職手当、技能手当、資格手当、地域手当など

その他の手当（d）とは、
（a）から（c）のほか、家族手当、皆勤手当など、個人の状態、実績に応じて支払われる手当

貴社の場合は、皆勤手当1万円＋能力手当1万円＋成果手当1万円＋通勤手当3万円＋食事手当（1食につき300円）が「その他の手当（d）」になってしまうので、見た目で損しているわけです。

社長　そんなこと知らなかった。

北見　皆勤手当は必要ですか？
社長　昔から払ってきたので深く考えたことがありません。
北見　年休を取得しても皆勤手当は支払われます。年休はいっぱいあるので、欠勤者は少ないはずです。それは基本給に入れてもいいのではないですか？
社長　なるほど。
北見　この能力手当とは？
社長　職務の能力を8等級に区分していて、高卒の新入社員は1等級からスタートします。それが1万円です。
北見　それならば、その1万円は本来基本給でも良いはずですね。
社長　言われてみれば確かに。
北見　この成果手当とは？
社長　成果の有無を評価して支給することになっていますが、実際にはその通りに運用できていないのが実情です。実態は調整手当です。
北見　下げることがあるのですか？
社長　いいえ。
北見　それなら基本給に組み入れましょう。そもそも高卒の新卒者にまだ「成果」などありません。

社長　承知しました。

北見　それから通勤手当は、なぜ3万円という定額なのですか？

社長　個人別に管理するのが面倒だったので、全員3万円にしました。

北見　通勤手当は、通勤に要する実費を払うべきだと思います。

社長　確かにその通りです。

北見　それから食事手当はどう思われますか？

社長　食べた回数を数えるのが面倒だと担当者がぼやいています。

北見　基本給に組み入れることをお勧めします。

社長　はい。

北見　初任給は次の通りとなります。

見直し前
基本給（a）14万円
定額的に支払われる手当（b）なし
固定時間外手当（c）なし

その他の手当（d）皆勤手当1万円＋能力手当1万円＋成果手当1万円＋通勤手当3万円＋食事手当（1食につき300円）

←

見直し後
基本給（a）20万円
定額的に支払われる手当（b）資格手当（1級土木施工管理技士3万円、同2級1万円）
固定時間外手当（c）なし
その他の手当（d）通勤手当実費支給（上限2万5000円）

これでパッとしなかった初任給がピカピカになりました。基本給20万円なら、高卒初任給としてはピカイチです。

動画⑪　パスワードは「V5iMWy」です

その4

賃金見直しの実例（中途採用の初任給決定）

次に中途採用者の初任給を説明します。ご登場いただくのは、大阪の建築会社です。

社長　当社は大阪府の建設業です。いつも頭を悩ませているのは中途採用者の初任給の決定です。いつもドキドキしながら応募者に額を伝えますが、中には金額を聞いた途端に表情が変わった人もいて、入社を辞退されてしまったことも。逃した魚は大きく見えるもので、残念でなりません。

北見　これまで中途採用者の初任給はどう決めておられたのですか？
社長　前職における給与を尋ねて、その金額を保証していました。
北見　でも、それでは社内の賃金が凸凹になりますよね？
社長　そこが悩みの種でした。
北見　でも、北見式の賃金表を導入していただいたので今後は一発決定です。
社長　たまたま応募者が２人いるので、その初任給を教えてください。

> Ａさんは30歳。高校卒業後に、いろいろな仕事をしてきて、建築業は未経験です。未婚です。
> Ｂさんも30歳。高校卒業後に、同業者でずっと勤務していたので、12年の経験があります。資格は１級建築施工管理技士を持っています。子供は１人です。

当社は、資格手当は１級建築施工管理技士なら３万円を払っています。子供手当は１人につき1万円です。固定時間外手当は月間30時間分を払っています。
北見　まずＡさんからいきます。Ａさんは「30歳未経験」ということです。北見式賃金表（大阪府版）の年齢給は24万５０００円となっています。資格はなし、子供もなし、ということですから、他に付くのは時間外手当と通勤手当しかありません。

基本給24万5000円（年齢給のみ）
時間外手当5万5682円（30時間分）
総額30万682円

（注）時間外手当の分母となる勤務時間は165時間で試算した。

社長　でも、それ以上に求めてきたらどうするのですか？

北見　特に事情がなければその金額を伝えて、それでも来なければご縁がなかったと思うほかありません。その初任給は、大阪の建設業界の相場です。

社長　Bさんの方はいかがですか？

北見　Bさんは、業界経験者ですから前職は100％評価してもいいと思います。北見式賃金表は「年齢給＋勤続給＋査定給＝基本給」になっています。

もしも高卒後ずっと勤務していたとみなすと、次のようになります。

基本給27万７０００円
（うち年齢給）24万５０００円
（うち勤続給）８０００円
（うち査定給）２万４０００円

（注）査定給は、これまでの人事考課が〝並〟だった場合の金額です。

また、その他の手当は、次のようになります。

資格手当３万円（1級建築施工管理技士）
子供手当1万円（1人につき1万円）
時間外手当６万９７７３円

（注）時間外手当は基礎賃金を１６５時間で割って計算した。

そうなりますと、次が初任給の案です。

基本給27万7000円
（うち年齢給）24万5000円
（うち勤続給）8000円
（うち査定給）2万4000円
資格手当3万円
子供手当1万円
時間外手当6万9773円
賃金総額38万6773円

社長　まずまずの金額ですね。では、それを本人に提示します。

北見　ちょっと待ってください。業界経験者といっても、実際に使ってみないとわかりませんよね。いわゆる採用の失敗もありえます。そこで「勤続給および査定給の部分」を特別手当にしましょう。そうなると次のようになります。

基本給24万5000円
特別手当3万2000円（1年後に査定のうえで見直す）

資格手当３万円（1級建築施工管理技士）
子供手当１万円（1人につき1万円）
時間外手当６万９７７３円
賃金総額38万６７７３円

社長　その特別手当はその後どうなるのですか？
北見　勤務が認められれば基本給に組み入れます。認められなければ減額がありえます。
社長　なるほど。
北見　採用には失敗がつきものです。後から調整できるような工夫も必要です。

その5 賃金見直しの実例（先輩社員とのバランス）

初任給の決め方に関して述べましたが、そこで気になるのは先輩と後輩とのバランスです。前項でも登場いただいた大阪の建設業の社長からの質問に答える形で説明させていただきます。

社長　初任給の決め方はお聞きしましたが、既存の社員とのバランスが気になります。

北見　もちろん、そうですよね。先輩と後輩とのバランスを取るには賃金表が必要だと思います。それなしで目分量で賃金を決めていたら、凸凹だらけになり収拾がつかなくなります。

社長　その賃金表を作るのが難しいのですよね。

北見　私は基本給を決める要素は主に3つあると考えています。

①年齢給
②勤続給
③査定給

なぜならば次のような論理があるからです。

「日本には年相応の賃金相場がある」↓年齢給が必要
「ベテランと新人を同じように扱うわけにはいかない」↓勤続給が必要
「やってもやらなくても同じというわけにはいかない」↓査定給が必要

社長　そのような賃金表を求めている経営者は多い。
北見　まず年齢給について考えてみましょう。私は、先輩と後輩とのバランスが大事なのは特に若い頃だと思っています。
18歳からみれば、19歳は年上です。仮に1年前に入った19歳の賃金が18歳と同じだったらどうなりますか？

「実はオレの給料は君と同じだ。だって上がらなかったから」（19歳）
「本当ですか？　だったら僕の給料も…」（18歳）

二人の会話が目に見えるようですね。

このように先輩後輩は、若い頃に重要な意味を持ちます。しかしながら、高齢になるといかがでしょうか？

「59歳の給料は58歳よりも上でなければいけない」と思う人がいるでしょうか？　いないと思います。

社長　確かに一定の年になると、お互いの年齢はさほど気にしません。
北見　私は、年齢給は一定の年齢で打ち止めと思っています。
社長　何歳ですか？
北見　私は一般的な賃金表の場合は、年齢給を35歳までにしていますが、建設業の場合は40歳までにしています。その理由は中途採用者の初任給が40歳ぐらいまで上がっていたからです。
社長　年齢給を大きくするなんて真逆の発想ですね。でも、確かに決めやすい。
北見　年齢の次に考えたいのは勤務年数です。勤務年数も特に若い頃に重要な要素だと思っています。入社0年目から見れば1年目は先輩です。それを同じにするのはそぐわないと感じます。しかしながら、勤務年数が長くなるといかがでしょうか？

「40年目の給料は39年目よりも上でなければいけない」と思う人がいるでしょうか？　いないと思います。

社長　確かに入社何十年目のベテランになると、もう社歴は関係ないでしょうね。

北見　私は、勤続給は一定の年数で打ち止めと思っています。

社長　何年ですか？

北見　私は一般的な賃金表の場合は、勤続給を10年までにしています。

社長　その賃金表を使うと初任給は、どのように決まるのですか？　例を挙げて説明してください。

北見　ここに3人の若手社員がいたとします。

30歳勤務年数８年
30歳勤務年数０年
29歳勤務年数３年

その基本給は、年齢および勤務年数および査定の3要素から、次のように決まります。

年齢給24万5000円（30歳）＋勤続給8000円（勤務年数8年）＋査定給2万4000円B評価）＝27万7000円

年齢給24万5000円（30歳）＋勤続給0円（勤務年数0年）＋査定給0円（B評価）＝24万5000円

年齢給24万3000円（29歳）＋勤続給3000円（勤務年数3年）＋査定給9000円（B評価）＝25万5000円

（注）査定給は、仮にB評価だった場合で試算した。
「北見式賃金表年齢給大阪府版モデル２０２４年版」を使用した。

その６

賃金見直しの実例（役職手当との関連）

役職手当の支払い方は、賃金制度作りの要だと思います。努力して上になった者に対する報酬ですから最重要です。

時間外手当がなくなって上下が逆転してしまう

世間相場が気になりますが、東京都の「中小企業の賃金事情　令和５年（２０２３年）」には次のようなデータが載っています。建設業はこのようにサンプルが少ないようです。

「同一役職の支給額は同じ」の方を見てみましょう。

平均額は、おおむね次の通りです。

	調査産業計	建設業
（部長）	8万3000円	10万1000円
（課長）	5万7000円	8万5000円
（係長）	2万6000円	3万1000円

しかしながら、この東京都の調査方法は不十分です。なぜなら時間外手当の有無を問うていないからです。

北見が見聞する範囲で申しますと、時間外手当は係長（所長）には払うが、課長（大所長）に払っていない例が多

図表 6-3　役付手当の支給金額

（単位：社、円）

		同一役職の支給額は同じ						
		集計企業数	部長		課長		係長	
			平均年齢	金額	平均年齢	金額	平均年齢	金額
調査産業計	最高	352	51.3	400,000	47.3	389,700	43.6	120,000
	平均			83,916		57,620		26,164
	最低			10,000		5,000		4,000
建設業	最高	27	51.8	251,000	47.5	202,600	43.7	55,000
	平均			101,127		85,723		31,580
	最低			20,000		20,000		10,000

		同一役職でも支給額が異なる						
		集計企業数	部長		課長		係長	
			平均年齢	金額	平均年齢	金額	平均年齢	金額
調査産業計	最高	218	50.6	450,000	46.8	210,000	42.6	105,000
	平均			101,933		56,848		23,815
	最低			10,000		10,000		1,000
建設業	最高	19	53.4	215,300	51.5	103,500	41	80,000
	平均			103,156		67,290		32,548
	最低			35,300		20,000		4,300

（出所）東京都「中小企業の賃金事情」令和5年（2023年）版。

い。もしも、課長（大所長）以上に払っていないとすると、次のようになります。

建設業
部長10万１０００円＋時間外手当なし
課長８万５０００円＋時間外手当なし
係長３万１０００円＋時間外手当あり

これだと係長（所長）から課長（大所長）に昇進しますと、時間外手当のせいで逆転するケースが生じてきます。そうなってしまっては、課長（大所長）になりたがる人がいなくなるでしょう。

課長（大所長）にも時間外手当の支払いは必要。
そもそも課長（大所長）には時間外手当の支払いがあるのでしょうか？
結論は、支払い義務ありです。
某労働局のサイトには、こう書かれています。

労働基準法第41条第2号では、『事業の種類にかかわらず監督若しくは管理の地位にある者（管理監督者）又は機密の事務を取り扱う者』は、労働基準法で定める労働時間、休憩、休日に関する規定を適用しないとしています。

例えば、1週40時間、1日8時間の法定労働時間の規定や1週1日の休日付与の規定も適用がないため、時間外労働、休日労働に対して、労働基準法第37条で定める割増賃金を支払う義務はありません。

なお、管理監督者とは、旧労働省の出した通達（昭63年3月14日基発第150号等）によると、『一般的には、部長、工場長等労働条件の決定その他労務管理について経営者と一体的な立場にある者の意であり、名称にとらわれず、実態に即して判断すべきものである』とされています。

具体的な判断に当たっては、『一般に、企業においては、職位と資格とによって人事管理が行われている場合があるが、管理監督者の範囲を決めるに当たっては、かかる資格及び職位の名称にとらわれることなく、職務内容、責任と権限、勤務態様に着目する必要がある』と述べています。

さらに、管理監督者の判定には『定期給与である基本給、役付手当等において、その地位にふさわしい待遇がなされているか否か、ボーナス等の一時金の支給率、その算定基礎賃金等についても役付者以外の一般労働者に比し優遇措置が講じられているか否か等について留意する必要があること。なお、一般労働者に比べ優遇措置が講じられているからといって、実態のない役付者が管理監督者に含まれるものではないこと』という基準を示しています。

このように「監督若しくは管理の地位」に関する要件はハードルが高いので、中小企業の課長（大所長）クラスでは認められることはめったにありません。

中には、次のように抗弁する会社もありえると思いますが、裁判所では会社にとって不利な判決になると想像します。

会社　当社では、就業規則で6等級以上には時間外手当を支給しないと書いてある。課長（大所長）職は6等級に該当するので、時間外手当は発生しない。

相手側の弁護士　管理監督者は、一般的には、部長、工場長等労働条件の決定その他労務管理について経営者と一体的な立場にある者の意であり、名称にとらわれず、実態に即して判断すべきものであるとされている。当該の

会社

労働者は課長という役職に就いているが、職務内容、責任と権限、勤務態様を考慮すると、管理監督者として認められない。

係長（所長）時代は5等級だったが、6等級に昇格するにあたり、基本給を大幅に昇給している。時間外手当がなくなることを踏まえ、基本給を増やしている。当該社員の場合、基本給を3万円増やしているので管理監督者として認めてほしい。

相手側の弁護士

管理監督者の判定には『定期給与である基本給、役付手当等において、その地位にふさわしい待遇がなされているか否か、ボーナス等の一時金の支給率等についても一般労働者より優遇措置が講じられているか否か等について留意する必要があること』とされているが、当該労働者はそれに該当しない。

未払い賃金はすぐ数百万円に達する

もしも管理職として否認されて時間外手当の支払いを命じられたらどうなるでしょうか？

仮に係長（所長）時代および課長（大所長）時代の賃金が次の通りだったとします。このように基本給が上がっていたとしても、時間外手当を含めた賃金総額は上下で逆転してしまいます。

建設業
係長（所長）基本給32万円＋役職手当３万１０００円＋時間外手当10万６３６４円＝45万７３６４円
←
課長（大所長）基本給35万円＋役職手当８万５０００円＋時間外手当なし＝43万５０００円

（注）時間外手当の分子は基本給＋役職手当とした。
　分母は月間１６５時間とした。
　時間外は月間40時間とした。

この課長（大所長）が時間外手当を求めたら多額の未払い時間外手当の支払いを求められ

ます。仮に月間40時間の時間外を払うと、時間外手当は次です。

（基本給35万円＋役職手当8万5０００円）÷月間勤務時間（１６５時間）×１・25倍×時間外40時間＝時間外手当（40時間分）13万１８１８円

時効である3年分は、総額で４７０万円ほどに達します。

課長（大所長）にも時間外手当を

北見は、課長（大所長）にも時間外手当を払うようにお勧めしています。その場合の役職手当として、次の金額を提案しています。

課長（大所長）３万５０００円＋時間外手当あり
係長（所長）２万５０００円＋時間外手当あり
主任１万円＋時間外手当あり

建設業は工期に追われる仕事であり、机に座っている管理職のイメージは中小企業ではありません。それならば課長（大所長）にも時間外手当を払う方が勤務実態に合致しています。
それから、いわゆる等級号俸制の賃金表を採用していて、課長（大所長）になったら昇格して基本給を大幅に引き上げることをしている会社もありますが、それはサービス残業を拡大させるだけであり、望ましくありません。

その７

賃金見直しの実例（資格手当との関連）

資格手当の払い方は降籏達生氏が執筆されているので、筆者は労基法関連の記述のみさせていただきます。経営者からの質問に答える形で解説します。

受験日の賃金の支払い義務

社長　資格取得の受験に行かせたら休日出勤手当を求められた。それが仕事なのか？　自己啓発ではないか？

北見　資格取得を強制していたか否かが問われる事案です。会社が受験を命じていた場合は「労働」となり、賃金が発生します。自由参加ならば「労働」とはなりません。

社長　当社は建設業です。1級建築施工管理技士の有資格者を増やすのは会社としての課題です。その受験当日は賃金が要るのですか？

北見　受験を強要すれば「労働」ですが、強要したのですか？

社長　強要はしていません。事実、受験しない人もいて、ペナルティを課していません。ただし、年に一つは何かの資格を持つように奨励していて、資格手当を出しています。

北見　強要していなければ、賃金の支払い義務はないと思います。ただし、それだけ重要な資格ならば、仮に法的義務はなくても、受験日に賃金を支払っても良いと思います。

社長　では、労働安全がらみの講習とか資格はどうですか？

北見　労働安全衛生法で義務化されている「特別教育」「免許」「技能講習」に関しては、それがないと仕事ができないので、労働者の自由意思とは考えられません。それは「労働」となり、賃金の支払いが必要です。

受験費用の支払い義務

社長　資格取得には、受験費用等が必要です。それを会社が負担する必要があるでしょうか？

北見　労働安全衛生法で義務化されている「特別教育」「免許」「技能講習」に関しては、受験自体が仕事ですから、会社が受験費用を負担するべきだと思います。

社長　建築２級施工管理技士の受験費用はいかがですか？

北見　その資格がなければ建設業ができないのですか？

社長　上司が建築１級施工管理技士を持っていて、同じ現場で働いているので、今のところはその部下は資格がなくても働けます。しかし今後は一人で現場を任せますので資格が必要です。

北見　受験を強要していたか否かによります。前述の労働安全衛生法で義務化されている「特別教育」「免許」「技能講習」の受験とは性格が異なると思います。

退職後の返金義務は

社長　資格取得を支援する制度を作っていますが、資格を取って間もなく他社に転職する者がいます。受験費用の返金義務を負わせることは法的に認められますか？　次のような誓約書に署名押印していただいた場合です。

「資格手当申込書　株式会社　代表取締役　殿

私は、今後長期勤続を望んでおります。万一、本日より1年以内に自己都合等で退職した場合は、会社が負担した受験費用、会社からもらった合格祝い金を返還することを誓約します。

返還する際は、退職時の月次賃金および賞与および退職金から控除されることに同意します」

北見　1年以内に退職した場合に受験費用や手当の返還を請求することは労基法第16条（使用者は、労働契約の不履行について違約金を定め、又は損害賠償額を予定する契約をしてはならない。）に違反する恐れがあると思料します。

その８
賃金見直しの実例（奨学金返還補助手当）

平均の借入総額は３００万円以上

大学生が学費を借りる奨学金は、社会問題になっています。

奨学金を出している日本学生支援機構によると、奨学金利用者において、平均の借入総額は３２４万円となっていて、毎月の返済額は平均１万６０００円、返済期間は平均14年になるそうです。

また、借入総額５００万円以上という利用者も12％と10％以上を占めています。


企業が「奨学金代理返還制度」を設ける動きも

そんな情勢の中で、企業が奨学金を肩代わりする制度を設ける動きも出ています。

日本学生支援機構は「企業等の奨学金返還支援（代理返還）制度」を設けています。会社が奨学金の返還の一部を肩代わりする制度です。

同機構のサイトを見ると、導入企業数は、２０２４年7月5日時点で６７４社あり、その中で建設業は２１７社ありました。

都道府県別では次の通りで、東京・愛知・大阪のほかでは、北海道、長野、福岡が多いようです。

北海道	44	神奈川県	6	京都府	1	愛媛県	3
青森県	2	長野県	13	大阪府	18	高知県	1
宮城県	1	東京都	25	兵庫県	8	福岡県	10
秋田県	3	富山県	4	奈良県	3	長崎県	1
福島県	1	福井県	2	和歌山県	1	大分県	1
茨城県	1	岐阜県	2	島根県	1	鹿児島県	3
栃木県	4	静岡県	7	岡山県	1	沖縄県	4
群馬県	2	愛知県	12	広島県	9		
埼玉県	6	三重県	2	山口県	3		
千葉県	8	滋賀県	3	香川県	1		

また、返還支援方法は「毎月」が１６７社と圧倒的で、「６カ月ごと」が12社、「３カ月ごと」が3社、「２カ月ごと」が7社、「その他」が11社となっています。

「毎月」返済の企業の中で「返還すべき金額の全額を支援します」が27社におよびます。「半額まで」も少なくありません。


どんな会社が、どんな支給をするのか内容を見てみました。

長野県の●●建設株式会社
【支援の目的】

当社は、長野県飯田市にある創業１００年を超える老舗の建設会社です。土木舗装工事、アスコンの製造を主な業務としています。当社では、奨学金を返済している社員の経済的、心理的負担を軽くし、安心して長く働ける環境を整備することで、優秀な人材を採用することを目的として奨学金返還支援制度を導入致しました。

【支援内容】

入社時において既卒3年以内の社員を対象に月額上限2万円を支援します。

支援期間は最長で10年間。

北見のコメント　確かに人に優しい会社をイメージしますね。

北海道の●●土建工業株式会社

【支援の目的】

●●グループは、「こころくばり」をコンセプトに、北海道富良野を中心に事業を行う建設グループです。奨学金を返済している社員の経済的精神的負担を軽減し、安心して働ける環境を提供する目的として奨学金返済支援制度を導入しております。

【支援内容】

奨学金を返済している大学新卒の正社員に対して最大200万円（短大専門学校新卒の正社員に対して最大100万円）を支給しております。（大学新卒奨学金支給例）

（1）入社より3年後に30万円支給

（2）入社より5年後に50万円支給

（3）入社より7年後に70万円支給

（4）入社より10年後に50万円支給

※借入金が200万円以下の方は、借入金額が支給金額の上限になります。

北見のコメント　勤務年数が長くなると増額するのは良いアイデアですね。勤続奨励になります。

東京都の株式会社●●

【支援の背景目的】

●●の企業理念では「人の仕事ライフスタイルが大きく変わる日本の中で、人の新たな価値可能性を見出していく企業でありたい」と考えている。奨学金代理返済制度はまさにそれを体現するものであるため、福利厚生に取り入れることとなった。

【支援内容】

奨学金返済義務がある正社員に対し、月最大1万5000円の返済補助を行い、その対象社員が5年間勤続した場合には、残債全額を一括返済するという取り組み。

北見のコメント　5年勤続してくれれば全額返済というのは太っ腹ですね。

大分県の●●建築株式会社
【支援内容】
社内規程により支援額を決定（初年度1万5000円、次年度以降は社内人事制度に基づく評価により金額増減）※支援期間の制限はありません
【支援条件】
採用選考時、もしくは社内人事制度に基づく年度評価によって決定

北見のコメント　人事評価の結果を反映させるようですが、学生がどう受け止めるか疑問を感じます。

大阪府の●●土木株式会社
【支援の背景目的】
奨学金を返済している社員の経済的、心理的な負担を軽減し、社員が安心して働ける環境を整備し、業務に邁進してもらうことを主な目的としている
【支援内容】
支援対象金額は、本人の返済残額の一部もしくは全額とし、返済は「先掛け返済」とす

る

【支援条件】
勤続２年を経過した正社員で、奨学金の返済残額を有し、本人が返済を行い、かつ勤務している企業に代理返済を希望していること。当該社員の業務内容が優秀で、将来会社の幹部社員となる期待を有する者

北見　将来幹部になりそうな人に絞っているわけですが、ここまで限定されていると、自分がもらえると思わないかもしれません。

日本学生支援機構を通じて返還する意味はないはず

検討中のところも少なくないと思いますので、経営者からの相談に答える形で持論を述べさせていただきます。

北見　奨学金の返還を肩代わりする会社が増えているそうですが、会社の目的は何だと思われますか？

社長　もちろん若手社員の採用ですよ。社員に優しい会社であるとアピールすることで、

人材確保につなげたい。

北見　でも、本当に目的通りに機能するでしょうか？

社長　と、いいますと？

北見　そもそも日本学生支援機構を経由して返還する意味がわかりません。それよりも若手社員に直接支給してあげた方が、相手もらった気持ちになると思うのです。

社長　それはそうですね。

毎月支給では社員が「ありがとう」と伝えるタイミングがない

北見　一つ気になるのが「毎月」返還を選択したケースです。「毎月」ということは、社長とその社員がその件で向き合うタイミングがないからです。だから「1年ごと」が良い。例えば12月と決めたとします。12月の賞与明細には「奨学金補助」という科目を作り、そこに金額を載せます。

北見　なら、こんな制度を提案したい。

会社は35歳以下で入社した社員の中（建設技術者に限定）で、返済するべき奨学金を負っている者に対して奨学金返還手当を支給する。

奨学金返還手当は、会社がその半額を肩代わりする。例：３００万円なら１５０万円。
奨学金返還手当は10年間払うこととする。例：年間15万円を10年間支払う。
奨学金返還手当は、冬季賞与と合わせて支給する。

このようにすれば、賞与を支給する際に、個人面談するタイミングがありますので、そこでこんな会話が交わされる姿が目に浮かびます。

社長　君も、これで奨学金がだいぶ減ってきたね。
若手　はい、ありがとうございます。
社長　奨学金はもう返したので、残りは半分だ。この調子なら32歳には完済だ。
若手　本当にありがとうございます。
社長　ところで結婚も決まったそうだね。
若手　はい、おかげさまで。
社長　今後も当社で頑張ってくれたまえ。
若手　もちろんです、社長。

北見　良い雰囲気が目に見えるようでしょ？
社長　なるほど。

その9
賃金見直しの実例（家族手当）

家族手当は、諸手当の中でもなじみの深いものです。ところで家族手当はどれだけ支給されているのでしょうか？

東京都の「中小企業の賃金事情」令和５年（２０２３年）版によれば、約60％の企業が支給しているようです。ただし、この比率は年々下がる一方で30年以上前には80％ありました。

しかしながら、筆者の地元愛知県では今でも80％の企業が支給しているので、地域差があるようです。

次に支給金額ですが、配偶者が１万円、子が１人５０００円というのが相場のようです。

役所の調査ではこうなっていますが、筆者はいささか古いと感じています。疑問点はいろいろあります。

疑問点　そもそも家族手当が必要か？

家族の有無で賃金に差が出ることに対する賛否両論は昔からあります。それは考え方の問題であり、どちらが正しく、あるいは間違っているということではありません。

筆者の場合は、賛成派です。その理由は次の通りです。

図表 6-4　家族手当の支給状況

（単位：社）

	集計企業数	支給あり	一律支給	家族により異なる				支給なし
					制限あり	制限なし	無回答	
調査産業計	876 (100.0)	396 (45.2) 〈100.0〉	43 〈10.9〉	353 〈89.1〉 《100.0》	200 《56.7》	149 《42.2》	4 《1.1》	480 (54.8)
10～49人	585 (100.0)	247 (42.2) 〈100.0〉	35 〈14.2〉	212 〈85.8〉 《100.0》	121 《57.1》	87 《41.0》	4 《1.9》	338 (57.8)
50～99人	188 (100.0)	88 (46.8) 〈100.0〉	7 〈8.0〉	81 〈92.0〉 《100.0》	43 《53.1》	38 《46.9》	-	100 (53.2)
100～299人	103 (100.0)	61 (59.2) 〈100.0〉	1 〈1.6〉	60 〈98.4〉 《100.0》	36 《60.0》	24 《40.0》	-	42 (40.8)
建設業	71 (100.0)	41 (57.7) 〈100.0〉	3 〈7.3〉	38 〈92.7〉 《100.0》	15 《39.5》	22 《57.9》	1 《2.6》	30 (42.3)

（出所）東京都「中小企業の賃金事情」令和５年（2023年）版。

○中小企業は家族的経営を守り、それを売り物にするべきだ。それには家族手当があった方がいい。
○若者の未婚化が進んでいる。年収が低い若者が結婚しやすい環境を作るには、家族手当も必要だ。

▼ココが疑問　配偶者に家族手当が必要か？

仮に家族手当を払うにしても、問題は誰に対して払うのかです。祖父母、配偶者、子供、兄弟姉妹などいろいろあります。これまでの古い常識では、配偶者および子供に対して払うものだったかもしれませんが、既婚女性の多くが働いている実態を考慮すると「子のみ」に限定する方がいいと思いますが、読者諸兄姉はいかが思われますか？

政府も配偶者手当の支給要件を問題視しているようで、厚労省はサイトで次のように載せています。

> 配偶者手当を見直して若い人材の確保や能力開発に取り組みませんか？

「年収の壁」と配偶者手当の関係について

企業の配偶者手当が、いわゆる「年収の壁」として、就業調整の一因となる場合があると聞いたよ。

なるほど。その場合、配偶者手当を見直す必要があるのかもしれないね。

そうだね。配偶者手当を見直すことは、自社の人材確保のためにも役立つよ。

対策

配偶者手当の廃止（縮小）＋基本給の増額
配偶者手当の廃止（縮小）＋子ども手当の増額
配偶者手当の廃止（縮小）＋資格手当の創設
配偶者手当の収入制限の撤廃

▼ココが疑問　子供は高卒までか？

子供に対する家族手当は、高校卒業までが多かったようです。しかしながら、それも今日の社会情勢にそぐわないと思います。なぜなら高校卒業後に学費が要ることが多いからです。

筆者は大卒、大学院卒など最終学歴に値するものならば20代半ばまで支給してもいいのではと思っています。
子供に対する家族手当は1万円とし、人数制限も設けないのが筆者の提案です。

疑問点男女差別的な家族手当になっているのでは？

家族手当を収入制限なしで支給しているところは、前述の東京都の調査では40％以上あるとのことですが、本当にそれで良いのでしょうか？　同様の制度を続けている顧客があったので、筆者は質問したことがあります。

北見　男性社員が結婚したら、妻の年収に関係なく家族手当を払うのですか？
顧客　はい。
北見　それでは女性社員が結婚したら、夫の年収に関係なく家族手当を払っていますか？
顧客　いいえ。
北見　それは男女差別です。

このやりとりでご理解いただけるでしょうが、男性のみに支給する家族手当は差別に該当するので慎むべきです。

第 7 部

変形労働時間制の活用で
休日の増加を

読者諸兄姉は

「労基法で定められた1日の労働時間は何時間か？」

と問われたら、どう答えられますか？

「8時間」

と即答される方が多いと思いますが、そうである必要はありません。

一定期間を平均して8時間以内であれば、1日が9時間でも7時間でも構いません。

それを「変形労働時間制」と言います。

1年単位の変形労働時間制を活用して無理なく休日増を実現

変形労働時間制には、いろいろな種類があります。建設業で一番普及しているのは1年単位の変形労働時間制であり、読者諸兄姉の会社も多くが採用していると推察します。これは次のような算式に基づいて1年間の労働時間が決まります。

365日÷7日×週40時間＝2085・714時間

仮に1日が8時間だったとすれば、最低限度必要な年間休日数は次のように出てきます。

２０８５・７１４時間÷８時間＝年間出勤可能日数２６０・７１４３日
３６５日－２６０・７１４３日＝１０５日（切り上げ）

このような計算から、以前は年間１０５日にする建設会社が多かった。ところが採用面から休日を増やす必要に迫られているので、１日の労働時間を８時間のままで単に休日を増やすところが多いようです。しかし、それでは労働コストが増える一方です。

そこで考えられるのは１日を引き延ばして、その分を休日増に充てるという方法です。例えば１日を８時間半にすると、年間休日数は何日になるでしょうか？　答えは１２０日です。次の算式をご覧ください。

１日８時間半×（３６５－１２０日）＝２０８２・５時間

こうすれば人件費増を伴うことなく休日を引き上げられます。もちろん１日が長くなることは不利益ですが、休日が増えることの方が嬉しいと思います。

1カ月以内単位の変形労働時間制も検討の余地あり

変形労働時間制の中には、1カ月以内単位の変形労働時間制もあります。これもケースによっては活かせます。

例えば、大手の工場に入ってメンテナンス業務をする会社があったとします。その場合はこんなことが考えられるでしょう。

> 顧客の工場が休んでいる平日夜とか土日に作業を行う。
> 作業予定はあらかじめ決まっているが、急な変更もあり。

こんな場合は1カ月間以内の単位での労働時間を組んではいかがでしょうか?

1カ月間の上限時間は次です。

月の暦日数	28日	30日	31日
上限時間	160・0	171・4	177・1

この変形労働時間制を活用すると、例えば、

図表 7-1　変形労働時間制の例

週	日	曜日	労働時間
21時間	1	水	7時間
	2	木	7時間
	3	金	7時間
	4	土	〈休日〉
	5	日	〈休日〉
35時間	6	月	7時間
	7	火	7時間
	8	水	7時間
	9	木	7時間
	10	金	7時間
	11	土	〈休日〉
	12	日	〈休日〉
35時間	13	月	7時間
	14	火	7時間
	15	水	7時間
	16	木	7時間
	17	金	7時間
	18	土	〈休日〉
	19	日	〈休日〉
35時間	20	月	7時間
	21	火	7時間
	22	水	7時間
	23	木	7時間
	24	金	7時間
	25	土	〈休日〉
	26	日	〈休日〉
50時間	27	月	10時間
	28	火	10時間
	29	水	10時間
	30	木	10時間
	31	金	10時間

合計176時間<177.1時間

（出所）厚生労働省「週40時間労働制の実現方法」。

繁忙日は9時間勤務
通常日は8時間勤務
閑散日は7時間

という形で柔軟に労働時間を組むことができます。
1年単位変形労働時間制は、

1日の労働時間の限度は10時間、1週間の限度は52時間。
ただし、対象期間が3カ月を超える場合は、労働時間が48時間を超える週を連続させることができるのは3週以下。

などの制約がありますが、1カ月以内単位の変形労働時間制の方は制約が緩いので使いやすいです。

第8部

「スカウト採用をして失敗だった人」の年収の見直し方

深刻な求人難を背景にして、転職者も増えています。そこで問題になるのが「中途採用者の初任給」です。

人材スカウト会社を使うと、最初から高い年収を保証して雇い入れるほかありません。しかし、人は雇ってみないとわからないもの。雇った後で、会社は「こんなはずではなかった」と後悔することもしばしば。そんなわけなので、

「高過ぎる年収で雇ってしまった人がいるのですが、どうすれば引き下げできますか？」

という相談は増えています。そこでいろいろなケースを想定して、本来あるべき初任給の決定方法を考えてみましょう。

「基本給のみの年俸制」は最も危険

社長　当社は北海道の建設会社で、民間の建築工事を幅広く手掛けています。１級建築施工管理技術者の採用をスカウト会社に依頼していたところ、ふさわしい人物を紹介してもらえました。有資格者で経験者でした。本人が年収を最低でも６００万円以上保証してほしいと言ってきたので、初任給は次の通りにしました。

年収６００万円＝基本給50万円×12カ月
賞与はありません。

当社としては大いに期待していたのですが、実際に働いてもらうと口ほどにもなく仕事ができません。能力が低いのです。そこで当社は年俸の引き下げを伝えました。基本給を40万円とし、年収は４８０万円です。

すると、その社員は怒り出し、

「年収は６００万円を保証してもらえると聞いていた。現にこの雇い入れ通知書にはそう書いてある」

と雇い入れ通知書を手にして文句を言ってきました。「出るところにも出る」とまで言ってきました。いかがすれば良いでしょうか?

北見　結論を申し上げれば、このケースでは基本給の減額は困難だと思います。

このケースでは基本給のみで雇い入れていますので、基本給が〝賃金〟に該当する可能性が高いです。その基本給を一方的に減額すれば賃金不払いに該当しかねません。労基法には、賃金は「その全額を支払わなければならない」（全額払いの原則）という定めがあり、そこに抵触しかねません。

社長　でも能力が低いのですよ。
北見　単に能力が低いというだけでは賃下げできません。
社長　では、どうしておけば良かったのですか？
北見　雇い入れ時に次のような内訳にしておく方が良かったと思います。

年収600万円＝（基本給40万円×12カ月）＋夏賞与60万円＋冬賞与60万円

このように賞与が組み込まれていれば、年収を見直しやすくなります。

失敗に学ぶ教訓：基本給の減額はしにくい。賞与を組み込むべし。

「雇い入れ時に約束した賞与」は支払い義務が生じる

社長　当社は大阪の建設会社で、社員は30人です。1級土木施工管理技士の採用をスカウト会社に依頼していたところ、ふさわしい人物を紹介してもらえました。一流大学で土木工学を学び、1級土木施工管理技士の資格を持っていました。50歳の男性で、大卒後は大手ゼネコンに就職し、その後退職して、土木の会社を数社転職してきました。職歴の多さが気になりましたが、管理職候補として採用しました。その初任給は次の通りです。

年収７５０万円＝（基本給50万円×12カ月）＋夏賞与75万円＋冬賞与75万円

当社としては期待していたのですが、実際に働いてもらうと仕事ができません。そこで当社は年収の引き下げを伝えました。いきなり毎月の賃金を下げるのも気が引けましたので、賞与を「夏50万円＋冬50万円」にすると言いました。

すると、その社員は怒り出し、

「年収は７５０万円を保証してもらえると聞いていた。現にこの雇い入れ通知書には『夏賞与75万円＋冬賞与75万円』と記載してある」

と文句を言ってきました。いかがすれば良いでしょうか？

北見　結論を申し上げれば、このケースでは賞与の減額は困難だと思います。

　労働基準法で定める賃金とは「賃金、給料、手当、賞与その他名称の如何を問わず、労働の対償として使用者が労働者に支払うすべて」である旨が定められています。（労基法第11条）

就業規則などであらかじめ支給条件が明確に定められている賞与や退職金なども賃金に含まれます。
このケースでは賞与を含めた年収で雇い入れていますので、年収全体が〝賃金〟に該当します。その賞与を一方的に減額すれば賃金不払いになりかねません。

社長　では、どうしておけば良かったのですか？

北見　雇い入れ時に次のように記載しておく方が良かったと思います。

年収750万円＝（基本給50万円×12カ月）＋夏賞与75万円＋冬賞与75万円
ただし、賞与は2年目から会社の業績ならびに社員の勤務成績・成果を査定して支給する。

この但し書きがあれば、2年目からの賞与の見直しもしやすくなるでしょう。

失敗に学ぶ教訓：「賞与は2年目から会社の業績ならびに社員の勤務成績・成果を査定して支給する」という但し書きを付ける。

「手当が小さくて基本給が高い賃金構成」は硬直的に

社長　当社は愛知県の建設会社です。１級管工事施工管理技士の有資格者である50歳の男性を課長候補者として採用しました。その初任給は次の通りです。

月給50万円＝基本給45万円＋役職手当５万円

当社としては期待していたのですが、実際に働いてもらうと能力が低く、とても課長は務まりません。そこで当社は年収の引き下げを伝えました。

月給40万円＝基本給40万円＋役職手当０円

すると、その社員は怒り出し、
「『課長として迎え入れられ、月給は50万円を保証してもらえる』と聞いていた。月々の賃金が下がるのは受け入れられない」
と文句を言ってきました。いかがすれば良いでしょうか？

北見　このケースで問題になるのは基本給ダウンの部分だと思います。役職手当というのは、一定の職位に就いて職責を果たしている人に対して払われるものです。

力不足ということで、役職を解くのは会社の人事権として認められると思いますが、基本給までダウンするとなると賃金不払いに該当する可能性が高いと思います。

社長　では、どうしておけば良かったのですか？

北見　課長候補ということですが、採用していきなり課長にはできないでしょうから、当初は特別手当を設定した方が良いでしょう。雇い入れ時に次のように記載しておく方が良かったと思います。

月給50万円＝基本給35万円＋特別手当15万円
特別手当は管理職候補者ということで支給する。1年後に査定のうえで見直す。

このような内訳であれば、年収の見直しもしやすくなるでしょう。

失敗に学ぶ教訓：基本給は減額しにくいもの。

「残業代込みの年俸」は認められない

社長　当社は福岡県にある測量会社です。測量士の有資格者を採用したのですが、その人と時間外手当の問題でもめています。

その人は「年収を保証してほしい」と言ってきたので、当社は年俸制を適用して年収６００万円とし、次のような初任給にしました。

年収６００万円＝（基本給40万円×12カ月）＋夏賞与60万円＋冬賞与60万円

そして口頭ではありましたが、「時間外手当もその年俸の中に含まれる」と言いました。

しかし、その人は入社してから、「時間外手当が出ないのはおかしい」と抗議してきました。会社としては、「年俸制だから時間外手当はない」と突っぱねたいのですが、いかがですか？

北見　結論から申し上げれば、会社の対応の方が間違っています。なぜなら時間外手当込みの年俸制は法的に認められないからです。時間外手当が別に支給される年俸制ならば構いません。

社長　では、どうしておけば良かったのですか？

北見　どうしても時間外手当込みにしたければ、雇い入れ時に次のような内訳の賃金にしておく方が良かったと思います。

月給40万円＝基本給＋固定時間外手当30時間分

このようにしておいて固定時間外手当の不足分が生じれば別に支給するようにすれば、それで結構です。

社長　その固定時間外手当は何時間分が上限ですか？

北見　36時間外協定の範囲内です。

失敗に学ぶ教訓：時間外手当込みの年俸制は認められない。

スカウト初任給の決定５つの秘訣
第１、月々の賃金の他に賞与を支給する。
第２、賞与は「２年目以降は…」という但し書きを付ける。
第３、基本給は既存の社員とのバランスを考慮して高からず低からずに決める。
第４、上乗せする部分は「特別手当」として見直しの余地を残す。
第５、時間外手当込みの年収にしたければ何時間分か明示する。

図表 8-1 スカウト採用時の初任給の内訳

年収	基本給
	特別手当
	固定残業代
	賞　与

第 9 部

60 代の賃金決定

建設業は高齢化が進展しているので、60歳以上の高齢者の活用は課題です。そこで若手の次に60歳以上の方に対する処遇に関して記述します。2つのケースを想定して解説します。

その2つとは、

「60歳定年制における継続雇用者に対する賃金の払い方」

「65歳定年制における正社員に対する賃金の払い方」

です。

その1 60歳定年制における継続雇用者に対する賃金の払い方

それでは、ご質問に答える形で進めさせていただきます。
総務部長　私は地方銀行から出向して総務部長を拝命している者です。出向先は社員50人の建設会社です。着任してまず社長から命じられたことは就業規則の見直しでした。就業規則の中で課題になっているのが嘱託規程です。

当社は60歳定年制になっていて、その後は65歳になるまで嘱託として勤務します。しかしながら、実態を見ていると60歳以降も働いている方が多くて、定年制が事実上ないような気がするほどです。

その嘱託の賃金は規程に定められているわけではありませんが、現役時代の80％という暗黙のルールがあるようです。

私は、その賃金を見て驚きました。正直なところ〝甘過ぎる〟というのが感想です。私の勤める地銀では、55歳で役職定年となり年収がガタンと落ちます。そして60歳以降は年収が３００万円ほどになります。そんな現実を見ている私には、出向先の建設会社の嘱託の賃金は、異様に高く見えます。その点を社長に対して、

「嘱託の賃金は、いくら何でも高過ぎませんか？」

と申し上げたところ、社長はムッとした表情で、

「銀行と建設業では違う」

と言われてしまいました。

さらに驚かされたのは退職者から言われた言葉です。60歳以降になって賃金

が80％になった人が他社に転職するというのです。本人いわく、

「なぜ給料が減らされるのか納得できない」

と堂々と言ってくるのです。

こんなことは銀行ではありえません。

私は、自分の常識の通用しない世界に来たような気持ちで戸惑っています。

北見　建設業における賃金の払い方がわからなくなりました。
なるほど、まさにカルチャーショックですね。

総務部長　これほどまで違うとは思いませんでした。

北見　まず建設業というものを理解するところから始めた方がいい。建設業では、資格の有無が決定的です。その資格にもレベルがあって、1級と2級では異なります。

例えば、1級建築施工管理技士は、大規模な建築工事の「主任技術者」や「監理技術者」になることができます。監理技術者は大規模な工事で多数の下請業者を使う際に必要な有資格者です。

一方、2級建築施工管理技士は、中小規模の工事のみを担当でき、主任技術者のみになることができます。

このように、1級の資格を持っている人の方が、より幅広い業務を担当できるわけです。ここで留意したいのは、資格には年齢制限がないことです。つまり資格さえあれば、何歳までも働けるのです。

総務部長　そこが凄い。銀行員は65歳でお払い箱となるので、えらい違いです。

北見　建築技術者は資格があって仕事ができれば、どこに行っても通用します。銀行員なら銀行を辞めればタダの人ですが、現場監督は会社を辞めても現場監督です。

総務部長　私も建設会社に就職すれば良かった。今さら遅いですが…。

北見　建設業には「年齢」が持つ意味があまりないわけです。だからこんな常識は通用しないのです。

嘱託就業規則
60歳の定年以降は、定年前の賃金の70％とする。

総務部長　つまり下げるという大前提はないのですね。

北見　はい。

総務部長　では、何を基準にして賃金を決めればいいのですか?
北見　仕事ができるか否かという一点のみで決めれば良い。では、仕事ができるかどうかとは何かですが、私は次のような3点だと考えます。

Q資格があるか?
Q仕事ができるか?
Q成果を挙げたか?

総務部長　わかりやすい。
北見　規程にすれば、こんな日本語になります。

嘱託就業規則
60歳の定年以降は、建設業法に関連する資格の有無、職務能力、業務の成果等を総合的に勘案して賃金を個別に決める。

総務部長　つまり、何割にするというルールを作らないのですか?

北見　はい、個別に決定です。中小のオーナー会社ならば、社長が社員の働きぶりをよく見ています。

総務部長　具体的にはどう決めるのですか？

北見　前述した通り「資格の有無、職務能力、業務の成果等を総合的に勘案する」わけですから「基本給＋評価手当＋資格手当」という構成にすればいいと思っています。「評価手当」は「職務能力、業務の成果」が反映する部分です。

総務部長　例を挙げながら説明してください。

北見　ここに非管理職の一般社員が２人いて、その賃金が次の通りだったとします。

> Aさん　資格あり、リーダーシップあり、頼りになる
> 基本給40万円＋資格手当３万円＝43万円
>
> Bさん　資格なし、リーダーシップなし、やや頼りない
> 基本給35万円＋資格手当０円＝35万円

総務部長　うちの会社の賃金水準に似ていますね。

北見　ところで貴社の大卒初任給はいくらですか？
総務部長　22万円です。
北見　それなら次のような賃金の内訳を提案します。

Aさん　基本給22万円＋社長加算手当●円＋資格手当3万円
Bさん　基本給22万円＋社長加算手当●円＋資格手当0円

総務部長　基本給は2人とも22万円ですか？
北見　はい、60歳になったら、新卒初任給にします。現役時代の基本給をリセットしますので、その●％というルールはありません。
総務部長　「社長加算手当」とは何ですか？
北見　前述の評価手当のことで、「職務能力、業務の成果」が反映される部分です。
総務部長　「社長加算手当」はどう決まるのですか？
北見　社長をはじめとする幹部が協議して決めます。その金額は0から青天井です。
総務部長　もっと具体的に。

北見　例えば、こんな感じです。

Aさん　基本給22万円＋社長加算手当18万円＋資格手当3万円
Bさん　基本給22万円＋社長加算手当5万円＋資格手当0円

Aさんは合計43万円で、定年前と比べて下がりません。
Bさんは合計27万円で、8万円のダウンです。

総務部長　Aさんは喜ぶかもしれませんが、Bさんは不満を言いそうです。

北見　建設業では、資格があって現場を任せることができる人物は何歳になっても価値があります。だから賃金を横ばいどころか上げてもいい。一方、資格がない人は、建設業では価値が低い。建設業では資格の取得に会社を挙げて取り組んでいます。何十年も勤めていながら資格さえ取得しなかったのは怠慢でしかない。そのような人の賃金は、60歳以降に下げられても仕方がないと思います。

総務部長　規程はどんな内容になるのですか？

北見　こんな内容です。

嘱託就業規則
60歳の定年以降は、建設業法に関連する資格の有無、職務能力、業務の成果等を総合的に勘案して賃金を個別に決める。
基本給は一定額とする。
社長加算手当は職務能力、業務の成果等を総合的に勘案して個別に決定する。その金額は半年単位で洗い替え方式により見直す。

総務部長　考え方は理解できました。しかしながら、同一労働同一賃金の問題はどうなるのでしょうか？

北見　はい、同一労働同一賃金の問題がありますから、同じ仕事をさせておきながら賃金が大きく落ちるのは問題視されます。賃金を大きく下げる場合は、同一労働にならないように配慮することが必要です。

建設業でありえそうな「有資格者で仕事ができる人」と「無資格で仕事ができない人」を

図表 9-1　60 歳前半層の賃金の見直し

できる人　有資格者

59歳の賃金（所長時代）

基本給	350,000
役職手当	30,000
資格手当	30,000
時間外手当	93,182
合計	503,182

係長（所長）→

月間30時間分の時間外手当

60歳の賃金（所長続行）

基本給	220,000	（注）新卒初任給と同額　所長を続行したという前提
役職手当	30,000	
資格手当	30,000	
社長加算手当	130,000	（注）半年単位で見直し
時間外手当	93,182	月間30時間分の時間外手当
合計	503,182	（注）落とさない

できない人　無資格者

59歳の賃金（無役時代）

基本給	300,000
役職手当	0
資格手当	0
時間外手当	68,182
合計	368,182

無役 無資格→

月間30時間分の時間外手当

60歳の賃金（無役）

基本給	220,000	
役職手当	0	無役
資格手当	0	無資格
社長加算手当	30,000	
時間外手当	56,818	月間30時間分の時間外手当
合計	306,818	

イメージして、60歳以降の賃金の見直し案を作ってみました。ご参考にしていただければ幸いです。

その2

65歳定年制における正社員に対する賃金の払い方

北見　ところで貴社は今後も60歳定年制ですか？

総務部長　65歳定年制の導入を検討するように社長から指示されています。他の建設会社でもその動きが出ているようですが、65歳定年が近い将来法制化されるからでしょうか？

北見　いいえ、法律の先取りを目指したわけではないと思います。言ってみれば経営の必要性からです。建設業は高齢化が進んでいるので、60歳定年制は実態と合いません。そもそも建設業では、年齢など関係ありません。逆にキャリアがある方がいい仕事ができます。

総務部長　銀行では60歳を機に嘱託となり、やり甲斐のある仕事から外されてしまい、給与も年収３００万円になるので士気が上がりません。

北見　大手は銀行でもどこでも60歳以上の人を疎外している気がします。人材活用の真逆です。中小企業、それも建設業では逆に60歳以上の方がお宝です。本人のモチベーションの維持という観点では「嘱託」と呼ばれるのと「社員」と呼ばれるのは随分違う気がします。

総務部長　賛成ですが、60歳以降の賃金はどうなるのですか？

北見　そこが肝心なところです。65歳定年制と言いますと、65歳まで同じ賃金がもらえるものだと社員が思うと思うのですが、そこは勘違いです。賃金に関しては60歳を機にいったんリセットすることを就業規則に明記するべきです。

総務部長　65歳定年制が一般化しない理由は、やはり賃金の問題が大きいと思います。65歳まで同じ賃金がもらえる気がしますから。

北見　今、国家公務員は65歳定年制に移行しつつあります。その賃金は、次の通りです。

基本給は70％
諸手当は１００％
賞与は基本給に連動するので70％
年収は75％

このように65歳定年制といえども、60歳以降に賃金が下がるのは不自然なことではありません。

総務部長　民間企業が65歳定年制を導入する際は、やはり公務員のこの前例が見本となりますか?

北見　いいえ、民間企業、それも中小の建設会社の場合は、この国家公務員の前例を見本とするべきではないと思います。もしも、こんな役所じみたルールを導入したら、反応はこうなるでしょう。

「仕事ができる人」は「なぜ私の賃金が下がるのか!　私はしっかり仕事をして成果を挙げてきた。それなのに60歳で賃金を引き下げられるぐらいなら転職する」と文句を言ってきそうです。

仕事ができる有資格者ならば転職先はいくらでもありますから、引く手あまたです。

「仕事ができない人」に70%を払ったら、周囲の社員は「なぜ、あの人の賃金が70%なのか?　社長はどこを見ているのか?」といぶかしがるでしょう。

建設業の場合は、仕事の出来不出来が歴然としていますので、みなが70%という役所じみた感覚は合いません。

総務部長　それならば、賃金をどのように決めればいいのですか?

北見　前述した「60歳定年制における継続雇用者に対する賃金の払い方」の方針と同じで結構だと思います。つまり社長加算手当の導入です。

仮に２人の人がいたとします。

Aさん　資格あり、リーダーシップあり、頼りになる
基本給40万円＋資格手当３万円
Bさん　資格なし、リーダーシップなし、やや頼りない
基本給35万円＋資格手当０円

私なら次のような賃金の見直しを提案します。

Aさん　基本給22万円＋社長加算手当18万円＋資格手当３万円

Bさん　基本給22万円＋社長加算手当５万円＋資格手当０円

総務部長　65歳定年制なのに、基本給が一律に初任給になってしまうのですか？
北見　私の考えではそうなります。
総務部長　納得するでしょうか？
北見　Aさんは納得するでしょう。Bさんの気持ちはわかりませんが、それまでの仕事に対する評価ですからやむを得ないと思います。

動画⑫　パスワードは「Vn4mts」です

第 10 部

等級号俸制の賃金表の問題点

図表 10-1 等級号俸制の職能給

年齢	年齢給
45	113,500
44	113,000
43	112,500
42	112,000
41	111,500
40	111,000
39	110,500
38	110,000
37	109,500
36	109,000
35	108,500
34	108,000
33	107,500
32	107,000

年齢	年齢給
31	106,500
30	106,000
29	105,500
28	105,000
27	104,500
26	104,000
25	103,500
24	103,000
23	102,500
22	102,000
21	101,500
20	101,000
19	100,500
18	100,000

勤続	勤続給
20	10,000
19	9,500
18	9,000
17	8,500
16	8,000
15	7,500
14	7,000
13	6,500
12	6,000
11	5,500
10	5,000
9	4,500
8	4,000
7	3,500

勤続	勤続給
6	3,000
5	2,500
4	2,000
3	1,500
2	1,000
1	500
0	0

職能給

等級	1	2	3	4	5	6	7
号差	500	700	900	1,100	1,300	1,500	2,000
号俸							
1	100,000	120,000	140,000	160,000	220,000	300,000	380,000
2	100,500	120,700	140,900	161,100	221,300	301,500	382,000
3	101,000	121,400	141,800	162,200	222,600	303,000	384,000
4	101,500	122,100	142,700	163,300	223,900	304,500	386,000
5	102,000	122,800	143,600	164,400	225,200	306,000	388,000
6	102,500	123,500	144,500	165,500	226,500	307,500	390,000
7	103,000	124,200	145,400	166,600	227,800	309,000	392,000
8	103,500	124,900	146,300	167,700	229,100	310,500	394,000
9	104,000	125,600	147,200	168,800	230,400	312,000	396,000
10	104,500	126,300	148,100	169,900	231,700	313,500	398,000
11	105,000	127,000	149,000	171,000	233,000	315,000	400,000
12	105,500	127,700	149,900	172,100	234,300	316,500	402,000
13	106,000	128,400	150,800	173,200	235,600	318,000	404,000
14	106,500	129,100	151,700	174,300	236,900	319,500	406,000
15	107,000	129,800	152,600	175,400	238,200	321,000	408,000
16	107,500	130,500	153,500	176,500	239,500	322,500	410,000
17	108,000	131,200	154,400	177,600	240,800	324,000	412,000
18	108,500	131,900	155,300	178,700	242,100	325,500	414,000
19	109,000	132,600	156,200	179,800	243,400	327,000	416,000
20	109,500	133,300	157,100	180,900	244,700	328,500	418,000
21	110,000	134,000	158,000	182,000	246,000	330,000	420,000
22	110,500	134,700	158,900	183,100	247,300	331,500	422,000

賃金表といいましても、その作り方にはいろいろな考え方があります。その最も代表的なものは「等級号俸制の職能給」で、右記のようなイメージです。

30年以上にわたって賃金コンサルタントを続けてきた筆者は、この「等級号俸制の職能給」の問題点がよくわかります。

問題点① 中途採用者の初任給を決められない

従来の「等級号俸制の賃金表」の最大の欠点は、中途採用者の初任給を決められないことです。

「等級号俸制の賃金表」は、職能要件書に求められる職務能力が記載されていますが、その内容は曖昧な日本語に過ぎません。そこで次のような実態に陥ります。

等級を決められない。
↓
会社側に根拠がない（これで良いのか自信なし）。
↓

「これまで、いくらもらっていたのか?」と尋ねて決める。
↓
社内の賃金は凸凹になり収拾がつかない。

このような体験は、「等級号俸制の賃金表」を採用した会社のほとんどが経験済みだと思います。

これに対して、北見式の賃金表は「等級号俸制の賃金表」の問題点を克服するところから始まったので、次のような特長があります。

中途採用者の初任給相場を徹底的に調べたうえで、それを「年齢給」としているので、年齢を尋ねるだけで基本給が決まる。
↓
基本給に諸手当(資格手当、家族手当等)を足せば初任給が決まる。
↓
基本給の社内バランスを維持できる。

→社長が賃金制度を説明できるようになる。
→社員の納得感が高まる。

問題点②　若手の昇給が低くなってしまう

「等級号俸制の賃金表」は、若手の昇給が低くなってしまうという問題点があります。
「等級号俸制の賃金表」は、次のような構造的な問題点を持っています。

等級は中高年が高くて、若手は低い。
→若手の昇給は低くなる。
→会社は「上げたい層」（若手）が上げられず、「抑制したい層」（中高年）でも上がってしまう。

これに対して北見式賃金表はもともと若手重視になっているので、逆の傾向になります。

年齢給や勤続給が上がるので若手重視の昇給になる。
←
中高年は、仕事の成果が上がらなければ昇給は低くなる。

問題点③ 学歴差別になる

「等級号俸制の賃金表」の問題点として、学歴差別があります。というのは初任給が学歴で決まっているからです。

高卒は1等級、大卒は2等級からスタートする。
←
高卒者が22歳になった時は大卒と1万円以上の格差が付く。
←
学歴格差はその後も解消されず進んでいく。
←

高卒者の不満がずっと残る。

これに対して北見式賃金表は学歴で賃金が決まる仕組みになっていません。

22歳になれば、高卒者を含めてみな大卒初任給に合わせる。

←社長は社員に向かって「学歴など関係ない。うちは実力主義だ」と言い切る。

←社員はスッキリした気持ちで仕事ができるようになる。

問題点④　社長の想いとは違う昇給になってしまう

「等級号俸制の賃金表」は、経営者による恣意的な昇給ではなく、公明正大な昇給ルールを作ることを目指したものです。

そのため、人事考課の結果と昇給はルールとして決められています。例えば「A5号俸、B4号俸、C3号俸」という形で昇給額が決まっていて、社長が鉛筆を舐めることを禁じているので、経営者の想いを反映しにくいのです。だからこんな問題が生じます。

人事考課を行い、社員にＳＡＢＣＤという評価を決めた。
↓
Ｓ６号俸、Ａ５号俸、Ｂ４号俸、Ｃ３号俸、Ｄ２号俸の昇給が決まった。
↓
社長はその金額を見て不満だった。
「彼はＡ評価を付けたのに７２４０円しか上がらない。もっと上げてやりたいのに」
「彼はＤ評価なのに２３１０円上がる。下げたいのに、なぜ上がるのか？」
↓
「彼は１万円上げたい。何号俸を上げれば１万円アップになるか？」
「彼は昇給ストップだ」

しかしながら、これでは社長自らが賃金決定のルールを破っているので、本来の趣旨から外れてしまいます。こうなりますと賃金表の意味がありません。

これに対して、北見式賃金表は「Ｓ６号俸、Ａ５号俸、Ｂ４号俸、Ｃ３号俸、Ｄ２号俸」というルールがありません。査定給の額は、並の人の昇給額が載っているだけです。経営者はその額を参考にしながら、昇給額を高くしたり低くしたりできます。

人事考課を行い、社員にＳＡＢＣＤという評価を決めた。
←北見式賃金表には「Ｂ」の昇給額が載っていた。
←経営者は、その「Ｂ」の昇給額を参考にしながら鉛筆を舐め舐めして決めた。

中小のオーナー会社ならば、この方が合っていると筆者は考えています。

問題点⑤　中小建設業の社長が語る「等級号俸制の賃金制度のココが不満」

ここに紹介するのは、筆者が実際に新規顧客から拝聴した内容です。「等級号俸制の賃金制度の問題点」がよくわかるので、紹介させていただきます。

１０００円の差しかつかない賃金制度

社長　当社は経営コンサルタントに依頼して賃金制度を導入しました。これで３年経っただけですが、正直なところ行き詰まっています。

北見　どんな制度ですか？

社長　コレです。（資料を見せる）

北見　これは等級号俸制の賃金制度で、昔から普及しているものです。これを使っていて、どこが不満なのですか？

社長　人事考課によって昇給額に差が出る仕組みですが、差が1000円ぐらいしかつかないのです。人事考課でさんざん手間と時間を掛けるのですが、その結果が1000円かと思うと、なんのために議論していたのか疑問でなりません。賃金制度というのは、そんなものなのですか？

北見　いいえ、賃金制度と言いましても、いろいろな考え方や作り方があります。貴殿が手にされておられる等級号俸制の賃金表は、役所の俸給制度がルーツなので、年功序列の色彩が濃いものです。

社長　役所がルーツ？

北見　そうです。役所の俸給制度がルーツで、それを変形させたものが職能給の賃金表として今でも出回っています。

社長　だから、うちらのような中小企業には合っていないのですね？

北見　そうです。例えばSABCDという5段階評価になっていて、S6号、A5号、B4号、C3号、D2号など昇給額に差が出る仕組みです。社員にしてみれば、1号俸か2号俸の差であり、その差は1000円か2000円です。

社長　意味がないですね。

北見　はい、言ってみればランチ1回分にも足りません。ですから、こんな本音が出ると推察します。

「どうせ1000円違うだけだから、評価なんてそんなもの」

「それよりも残業代の方が大きい。残業代ならばすぐ稼げる」

昇給額は社長が決めればいい

北見　こんなことをされていませんか？

「彼の昇給は○円にしたい」

「何号俸上げれば、それに近いだろうか？」

つまり最初に昇給額が決まっていて、その後で近似値の号俸を探すような感じです。

社長　まさにそれをやっています。

北見　だったら賃金制度のルールもヘッタクレもありません、昇給のルールを社長自ら壊しているのです。

社長　昇給を社長が決めたらいけない、と言うのですか？

北見　職能給の等級号俸制の賃金制度とは、恣意的な昇給を禁じています。そこは役所風の考え方が背景にあるせいです。

社長　そんなのおかしい。給料を払うのは社長だから、社長が給料を決めるのは当然ではないですか！

北見　同感です。中小企業は社員の働きぶりなんて人事考課をせずともわかります。それを賃金に反映させるのは社長の仕事です。

社長　それではおうかがいしますが、北見式だとどうなるのですか？

北見　北見式賃金表は実は並の人、つまりB評価の人の昇給額が賃金表に載っているだけです。Aはいくらとか、Cはいくらとか示していません。

社長　では、A評価の人とか、C評価の人の昇給はどう決めれば良いのですか？

北見　問われれば次のようにお答えしています。「A評価は＋2000円、C評価は▲2000円」。しかしながら、これもルールというわけではありません。要するに、社長がエイッと決めればいいのです。Bの金額の目安が載っていますから、それを

社長　参考にして決めるのは容易なはずです。

北見　具体的な例を挙げて説明してください。

社長　承知しました。ここに2人の建築施工管理技術者がいたとします。評価は2人ともBだったとします。

30歳	年齢給2000円＋勤続給1000円＋査定給3000円＝定期昇給6000円
50歳	年齢給0円＋勤続給0円＋査定給2000円＝定期昇給2000円

北見　イマドキはもっと昇給が高いのでは？

社長　これは定期昇給分であって、この他にベースアップがあります。

北見　30歳の人は、A評価、C評価だったらどうなるのですか？

社長　A評価ならば＋2000円ですから8000円の定昇です。C評価だったら4000円です。

北見　もっと高くしたい場合は？

社長　北見式賃金表はB評価だった場合の金額を示すだけです。この賃金コースで進めば高からず低からずちょうど良いところに着地しますとナビゲートしているわけです。

社長　社長は、それを見ながら、ご自由に鉛筆を舐めてください。
北見　2人目の昇給額が低いですが、なぜですか？
社長　一定の年齢（40歳ぐらい）を超えますと、年齢とか勤続という要素での昇給はありません。「前年と同じ仕事しかしていなければ同じ賃金だ」という考え方が基本にあります。
北見　結局、昇給は私の一存で決めれば良いわけですね。
社長　その通りです。昇給額を決めるのは社長であって、賃金表ではありません。
北見　昔に戻ったような方法ですね。でも、やはりそれで良いと思います。

絵に描いた餅になってしまった「役割基準書」

社長　経営コンサルタントに人事考課制度を作っていただいたのですが、複雑過ぎて運用が大変です。導入して3年経ちましたが、当社のような小さな会社では運用するのが辛いので、もっと簡単にしたい。
北見　へえそうですか、ではそれをお見せください。（パラパラ見ながら…）　この「役割基準書」というのは30ページに及んでいますが、これを実際に使っておられますか？

社長　導入した最初の年に活用しましたが、付けるのが難しく実際には使っていません。
北見　この「役割基準書」を作成するのは大変だったでしょ？
社長　はい、この「役割基準書」を作るだけで、何十回も検討会議を開きました。経営コンサルタントにご参加いただき、当社の幹部が総出で参加しました。作成するのに2年かかりました。完成後に導入して3年経ちましたが、正直なところ役立っていません。
北見　社員は今この「役割基準書」を見ていますか？
社長　見ている人はいません。

付けるのが難しい絶対評価主義の「人事考課シート」

北見　「人事考課シート」がありますが、これは実際に使っていますか？
社長　使っていますが、付けるのに苦労しています。
北見　「役割遂行評価（絶対評価）」として10個以上の評価項目が載っています。例えば「5S」「あいさつ」「車両管理」「安全管理」「原価管理」とかです。そして各評価項目にウエート付けされています。実際にこれで点数を付けてみて、いかがですか？

社長　難しい。点数を付けてみるのですが、合計点数を見ると、こちらの思う評価と違うのです。中小企業ですから、社員の働きぶりはよくわかります。人事考課シートなどなくても、評価はできます。

北見　結局こんなことをやっていませんか？

①　幹部が人事考課シートを記入する。
←
②　人事考課シートを集めて集計する。
←
③　人事考課の点数を調整する。「彼が彼よりも低いのはおかしい」など。
←
④　調整後の点数を基にＳＡＢＣＤを決める。
←
⑤　ＳＡＢＣＤが決まったので、号俸アップを決める。Ｓは6号、Ａは5号、Ｂは4号、Ｃは3号、Ｄは2号アップ。

社長　はい、やっています。

北見　それから、こんなこともされていませんか？

⑤　SABCDが決まったので、号俸アップを決める。Sは6号、Aは5号、Bは4号、Cは3号、Dは2号アップ。

↓

⑥　社長はその昇給額が気に入らないので、鉛筆を舐める。彼は1万円増、彼は1000円増などという腹があるので、それに近い号俸を探して、それにする。

社長　まさしくその通りです。

北見　だったら、どこに「絶対評価」があるのですか？　やっているのは「相対評価」です。絶対評価という言葉は綺麗だから好まれますが、昇給や賞与は分配するわけだから、もともと相対評価です。誰かを増やしたら、他の人が減るはずです。

社長　同感です。

評価項目は5つでいい

社長　では、どのように評価すればいいのですか?

北見　まず評価項目を絞るべきです。私は次の5つだと思っています。

① 勤務年数
② 出勤率
③ 勤務姿勢
④ 職務能力
⑤ 仕事の成果

「勤務年数」は、中小企業にとって重要です。イマドキは、職を転々とする人が増え、一つの会社で長年勤め上げる人が減っています。だからこそ、勤務年数は貢献度を示すものであり、入社早々の人の賞与が低いのは当然です。

「出勤率」は、これも決定的です。いくら有能であっても休みがちでは仕方がありません。

「勤務姿勢」は、一言で表せば「あいさつ」と「返事」です。相手の顔を見てあいさつするのが一日の始まりです。

「職務能力」は、その文字の通り、仕事ができるかどうかです。建設業の場合は現場における能力ですから、評価は難しくありません。

「仕事の成果」は、利益を出したかどうかです。この点は、評価が難しい。建設業は受注単価がいくらだったかで利益が決まることが多いからです。だから北見は「利益額」よりも「利益に対する執念」を評価する方がいいと考えています。

社長　その5つは建設業でもあてはまりますか?

北見　この5つは、あらゆる職種において共通であり例外はありません。

フセンを使いながら幹部で協議して評価を決める

社長　具体的にはどう評価を決めるのですか?

北見　貴社は社員が何人ですか?

社長　50人です。

北見　それならば査定会議に出るのは、社長を含めて5人以内だと思います。そのメンバーでの談合により決定します。用意するのはフセンです。社員名を書いたフセンをご用意ください。

評価項目は前述の5つですが、勤務年数と出勤率は決まっていますので、評価を議論するのは「勤務姿勢」「職務能力」「仕事の成果」の3つです。

まず「勤務姿勢」からいきましょう。

幹部と一般社員とに区分して、一般社員のみを議論します。勤務姿勢というと難しくなりますが、一言で表せば「気持ち良く働いてくれているか？」です。

一般社員の中で「並の人」を誰か出します。その人を10点満点中5点とします。その人を基準としながら、それよりも上か下かで順位を決めます。

社長　案外すぐ順位が決まりそうですね。

北見　社員が50人ならば、一般社員は40人以上いるはず。幹部が協議したら、その順位はおそらく10分で決まります。

社長　確かに決まりそうです。

北見　次に「職務能力」ですが、これは「仕事ができるか？　頼りになるか？」です。これは案外わかりやすいと思いますが、いかがですか？

社長　「できる。できない」とか「頼りになる。頼りにならない」というのは現場で見ればわかります。

北見　評価が難しいのは「仕事の成果」だと思います。仕事には不利なもの、有利なものがあるので、それを機械的に達成率で評価したら不満が出ると思います。

社長　難しいところです。

北見　建設業は一人で行う作業は少ないので、チームワークですからね。

社長　そうです。

北見　私は「利益額」を重視しながらも、同時に「利益に対する執念」を評価したい。つまりアウトプットのみではなくプロセスを重視して順位を付けてください。

動画⑬　パスワードは不要です

第 11 部

人事評価の目的は人材育成

その1

仕事に取り組む意欲を高める6つのポイント

第11部から第13部では人事評価について解説します。これらの部は、降籏達生が執筆します。

近年、建設会社に入社してまもなく会社を辞めてしまう人が増えています。一方、ほとんど社員が辞めない建設会社があるのも事実です。

では社員が辞めない会社ではどのようなことをしているのでしょうか。降籏がこれまで研修やコンサルティングをしてきた中で、社員が辞めない会社の共通点を6つにまとめました。

ここでは、その仕事に取り組む意欲を高める6つのポイントを解説しましょう。

なお、組織を改革するためには、制度を変える「制度改革」と、組織の雰囲気を変える「風土改革」に取り組む必要があります。ここではこの2種類の改革方法を紹介します。

〈ポイント1〉　待遇良く働きたい

人には、〝待遇良く働きたい〟という欲求があります。待遇とは、給与や賞与、残業、休日、有給休暇のことです。残業はできるだけ少なく、休日はできるだけ多く、そして給与や賞与はできるだけ多くほしいということです。では、どうすれば待遇を良くできるでしょうか。

待遇を良くするための「制度改革」として、ICT（情報通信技術）の導入、現場の業務を外注化したり、本社の事務部門で行ったり、休日カレンダーの工夫、社員の実情に合わせた就業規則の頻繁な改訂が挙げられます。また「風土改革」は、先輩や上司が部下や後輩に「もう帰れよ」「あしたは休めよ」と言い、部下や後輩が素直にその言葉に従い、休みやすい雰囲気を作ることです。

〈ポイント2〉　安心して働きたい

人には、〝安心して働きたい〟という欲求があります。特に建設現場では、不安なく、安心して働きたいという気持ちは強いでしょう。

安心して働くための「制度改革」とは、マニュアルや標準書式を整備して誰でも仕事がしやすいようにすることです。また「風土改革」とは、上司に何度も聞かなくても仕事ができるよう、上司や先輩がわかりやすい指示をすることです。

なお、ハタ コンサルタント株式会社では、建設業で活用できる建設版　標準書式集（エクセル版）を提供しています。機械器具の点検表、契約書のひな形、ヒヤリハットの分析表など、工事現場で用いる品質、原価、工程、安全、環境に関する書式を取りそろえています。以下よりダウンロードして「安心して働ける」ようにするため、ご活用ください。

建設版　標準書式集はこちらからダウンロードすることができます。

〈ポイント3〉　仲良く働きたい

現場で働く仲間と心が通っており〝仲良く働きたい〟という欲求です。

仲良く働くための「制度改革」として、個人面談や交換日誌、懇親会や慰安旅行、メンター制度を整備するなどが挙げられます。また「風土改革」として、職場が〝安全基地〟となり、社員にとっての心理的な安全性を高めることが重要です。〝安全基地〟とは部下や後輩が安心して上司や先輩に相談できる状態を言います。職場（直接の上司や本社や営業所）が〝安全基地〟になることで、現場で働く人たちは失敗を恐れず思い切った施工ができるようになり、やりがいが高まるという効果があります。

〈ポイント4〉　認められて働きたい

誰にも〝認められて働きたい〟という欲求があるでしょう。具体的には、社員各自に選択権や責任があり、仕事や行動を承認されたい（認められたり褒められたりする）というものです。

認められていることを実感するための「制度改革」として、人事評価制度や表彰制度があります。また「風土改革」として、先輩や上司が部下や後輩に対して日常的にタイムリーに褒め、叱ることが重要です。さらには上司が部下に、仕事の権限を委譲すると、部下のやりがいが高まります。

〈ポイント5〉　仕事を通して成長したい

〝仕事を通して成長したい〟という欲求があります。これを成長意欲と言います。

成長意欲を高めるための「制度改革」として、必要能力一覧表や教育計画書、個人別キャリアプランの整備が挙げられます。また、「風土改革」として、〝人を育てる〟のではなく〝人が育つ〟土壌を作ることが重要です。そのためにも、上司や先輩は、部下や後輩に対して模範的態度を見せ、部下や後輩の成長意欲をそぐような何気ない言動や行動をしないことが求められます。

〈ポイント6〉　仕事を通して貢献したい

〝喜ばれて働きたい〟という欲求があります。これは、仕事を通じて会社や社会に貢献したいという気持ちで、貢献意欲と言います。

貢献意欲を高めるための「制度改革」として、社内における顧客情報の共有化、社会貢献活動支援制度などがあります。また「風土改革」として、上司や先輩は、過分な指示や指導をせず、部下や後輩のそばにただ寄り添い、困った時だけに支援する「ただそばに立っている管理」（MBST Management By Standing There）を行うことが重要です。

これら6つのポイントの実施レベルを、バランス良く高めることで、「働きがい」のある職場を作ることができます。「働き方改革」というと、待遇を良くすることばかりに意識が向いている会社が多いです。残業を減らしたり、休日を増やしたりして、待遇を良くしようとするのです。もちろん待遇を改善することは重要ですが、それだけでは「働きやすい」職場にはなりますが、「やりがい」のある職場にはなりません。結果として意識の高い社員が辞めてしまうという例もあります。これら6つのポイントのうち、自社の課題を抽出し、一つずつ改善を進めることが真の「働き方改革」につながります。

図表11-1　仕事に取り組む意欲を高める6つのポイント

		内　容	どのようにすれば高まるか	
			制度改革	風土改革
働きがい	働きやすさ	**ポイント1 待遇良く働きたい** 給与、賞与、残業、休日、有給休暇	ICTの導入 業務の外注化、内注化	上司が部下に「もう帰れ」「あす休め」と言う
		ポイント2 安心して働きたい 作業手順、書式が整備されている	手順書、マニュアル、書式の整備	上司が部下に、わかりやすい指示をする
	やりがい	**ポイント3 仲良く働きたい** 社員、仲間同士の信頼関係がある	個人面談 交換日誌 懇親会 慰安旅行	上司や本社が「安全基地」となり、部下の心理的安全性を高める
		ポイント4 認められて働きたい 褒められる、認められる	人事評価制度、表彰制度	褒め、叱る、任せる
		ポイント5 成長して働きたい **成長意欲** 自己の成長を実感する	必要能力一覧表、キャリアプラン	「人を育てる」のではなく、「人が育つ」会社を作る
		ポイント6 喜ばれて働きたい **貢献意欲** 仕事の価値に気付き、会社や社会に貢献していることを実感する	情報共有制度 社会貢献活動支援制度	上司が部下のそばに、ただ立っている支援をする

その2

納得感の高い評価をすると成長意欲と貢献意欲が増す

これら6つのポイントは、ポイント1から6の順に、段階を踏んで高めていく必要があります。

まずは、待遇を一定水準以上にし（ポイント1）、マニュアル等を整備し働きやすい環境を作ります（ポイント2）。このことで「働きやすい」会社になります。

次に、社内に安心して話ができる雰囲気を作り（ポイント3）、よい仕事をしたら褒め、改善すべき時は注意し、仕事を任せるようにします（ポイント4）。日々評価するのです。すると本人は、何をすると褒められ、何をすると注意され、どうすれば仕事を任せてもらえるようになるかを実感します。そうなると自ら「成長したい」という気持ちが高まり（ポイント5）、さらには「会社や社会に貢献したい」という気持ち（ポイント6）が高まるのです。このことで「やりがい」が高まります。

つまり、納得感の高い評価をすると成長意欲と貢献意欲が増します。建設会社社員の成長意欲と貢献意欲が増すと、自ら技術力を高めようとし、また顧客満足度の高い仕事をしようとするので、結果として業績が向上するでしょう。

一方、良い仕事をしても褒められず、失敗しても叱られず、上司から一向に仕事を任せてもらえなければ、もっと成長しようと思えず、このままでいい、と感じます。すると組織の技術力は高まらず時代に取り残され、業績は降下していくかもしれません。

このように、正しく評価することは、社員の成長意欲、貢献意欲を高め、さらには業績を向上させるエンジンとなり得るのです。

その3

毎日「褒める、叱る、任せる」が人事評価の基本

前述したように、人材が定着する会社にするためには、制度改革と風土改革が必要です。

制度改革とは、仕事を分業する仕組み化、仕事のマニュアル化・標準化、定期的な個人面

談、人事評価システム構築、教育体系の構築等です。一方、風土改革とは、社員が言いたいことを言いやすい雰囲気、自分が会社や上司から大切にされていることを実感できる雰囲気、そして社員が当事者意識を持つような風土にすることです。

人事評価に限って言うと、制度改革は「人事評価システム構築」、風土改革は上司が部下に日常的に「褒める、叱る、任せる」ことです。「制度より風土」という言葉があります。制度を作ることよりも、風土を変えることの方が難しく、重要であるということです。つまり、人事評価制度を構築すると同時に、日常的に上司が部下を褒め、叱り、任せる雰囲気を作ることが重要です。

第 12 部

建設会社の人事評価
ここが問題

人事評価制度を構築しようという建設会社が増えています。第11部にて記載したように納得感の高い人事評価をすることで、社員の成長意欲と貢献意欲が高まり、その結果業績を向上させることができるためです。

しかし、多くの建設会社では人事評価制度がうまく機能していません。それは建設会社特有の問題点があるからです。

ここでは、降籏が建設会社の経営者や幹部とお話しする中で感じた人事評価制度を構築、運用するための問題点とその解決策を解説します。

その1 現場によって条件が異なるため工事成果（利益、工期、顧客満足）で評価ができない

問題点

建設業界において、工事の成果を基準に個別評価することが難しい理由は、各現場が異な

る条件に直面するためです。以下に、その主な問題点を挙げます。

1. 現場条件の多様性：各工事現場は地理的条件、気候、規模、施工内容、地域の法規制などが異なります。このため、標準化された評価基準を適用することが困難です。

2. 予測不可能な要素：天候や予期せぬ地質の問題、協力会社の問題など、外部要因が工期や原価に大きく影響することがあります。これにより、成果を一律に評価することが難しくなります。

3. 顧客の期待と満足度の差異：各顧客の要求や期待は異なるため、顧客満足度を評価基準に含めることが難しくなります。ある顧客にとって満足な結果が、別の顧客には不満足となる可能性があります。

4. 利益の変動要素：利益率は工事の種類や規模、使われる資材や技術、労働力の質と量によって大きく変動します。そのため、利益を基準とした評価は、公平性を欠く場合があります。

解決策

前記の問題点を解決するためには、評価基準を工事の成果だけでなく、多面的に設計することが必要です。以下に、具体的な解決策を提案します。

1. 現場条件に応じたカスタマイズ評価：各現場の特性を考慮し、柔軟に評価基準を設定することが重要です。例えば、地理的条件や規模に基づいたベンチマークを設け、それに対する達成度を評価します。

2. 行動評価の導入：結果だけでなく、行動や取り組み姿勢を評価の対象とすることで、外部要因による影響を最小限に抑えます。具体的には、安全管理、品質管理、協力会社の管理など、日々の態度を評価します。

3. 顧客満足度の標準化：顧客満足度を定量的に評価するために、苦情の有無のみの評価ではなく、顧客アンケートや顧客へのヒアリングを実施します。これにより、異なる顧客の評価を比較可能にし、公平性を保ちます。

4. 利益以外の指標の導入：利益だけでなく、勤勉度、方針順守度など、複数の指標を組み合わせた総合的な評価システムを構築します。これにより、利益に依存しない公平な評価が可能となります。

5. 定期的なフィードバックと評価の見直し：評価システムが現場の実態に即しているかどうかを定期的に見直し、必要に応じて改善します。フィードバックを重視し、現場からの意見を積極的に取り入れることで、より実効性のある評価システムを維持します。

以上のように、多面的な評価基準を導入し、柔軟かつ公平に評価することで、建設業における個別の評価の課題を克服できます。

その2 上司が現場勤務者の働きぶりを見ていないため評価ができない

問題点

現場勤務者の働きぶりを評価する際に、上司である工事部課長が実際に現場での勤務状況を見ていないために、適切な評価ができないという問題が発生します。特に建設業においては、現場の作業内容や勤務態度が評価の重要な要素となるため、上司が現場の実情を知らないまま評価すると、以下のような問題点が生じます。

1. 評価の公平性の欠如：現場勤務者の実際の努力や成果が正しく評価されないため、不公平な評価が行われる可能性があります。このことは、社員のモチベーション低下や不満の原因となります。

2. 評価基準の不明確さ：上司が現場の具体的な状況を理解していないため、評価基準が曖昧になりがちです。これにより、評価が主観的になり、基準に一貫性が欠けることがあります。

3. 社員とのコミュニケーション不足：評価者である工事部課長が現場に足を運ばないことで、社員とのコミュニケーションが不足し、現場の課題や社員の意見が工事部課長に届かないことがあります。これにより、問題の早期発見や解決が遅れる可能性があります。

解決策

この問題を解決するためには、以下のような具体的な対策を講じることが重要です。

1. 現場訪問の頻度を増やす：工事部課長が定期的に現場を訪問し、現場勤務者の働きぶりを直接確認する機会を増やします。これにより、実際の勤務状況や成果を把握でき、公平に評価する基礎が築かれます。

2. 現場代理人との協力：現場責任者と密に連携し、彼らから現場勤務者のパフォーマンスについてフィードバックを得る仕組みを作ります。現場代理人は日々の業務を直接見ているため、詳細な情報を提供できます。

3. 評価システムの改善：現場勤務者の評価基準を明確にし、定量的な評価項目を導入することで、評価の透明性と一貫性を高めます。例えば、勤勉度、能力向上状況などを評価項目として設定し、これらに基づいて評価します。

4. フィードバックの活用：現場勤務者からのフィードバックを積極的に収集し、評価プロセスに反映させます。現場勤務者が自分の業務について自己評価し、その結果を工事部課長と共有することで、相互理解を深め、公平な評価を実現します。

5. テクノロジーの活用：現場の状況を把握するために、建設ＩＣＴを用いたソフトやアプリケーションの導入など、テクノロジーを活用する方法も有効です。これにより、工事部課長は現場にいなくても勤務状況をリアルタイムで把握できます。

以上のような対策を講じることで、工事部課長が現場勤務者の働きぶりを正確に評価できる体制を整え、評価の公平性や透明性を向上させることが可能となります。

その3

目の前のことには取り組むが、先のことに取り組まない人をどのように評価すべきか

問題点

建設業において、現場運営に積極的に取り組む一方で、業務の標準化、マニュアル化、部下指導といった長期的な視点での取り組みを怠る社員の評価は難しい問題です。以下にその主な問題点：現場運営における目の前の成果は目に見えやすく、短期的な業績評価が高くなりがちです。しかし、長期的な視点での取り組みが評価されないと、組織全体の成長や効率化が進まないリスクがあります。

1. 業務の属人化：業務の標準化やマニュアル化が進まないことで、特定の社員に業務が依存する状態（属人化）が発生します。これにより、当該社員が不在の場合に業務が滞る可能性があります。
2. 部下の育成不足：部下指導を怠ると、後輩や新入社員の成長が遅れ、チーム全体の能力や知識の底上げができません。これは長期的な組織の発展にとって重大な問題です。

3. 持続可能な運営への影響：業務の標準化やマニュアル化が進まないことは、持続可能な運営体制の構築を妨げます。これにより、効率的な運営や改善のサイクルが確立されにくくなります。

解決策

この問題を解決し、社員を公平に評価するためには、以下のような対策が考えられます。

1. 評価基準の見直し：現場運営の短期的な成果だけでなく、業務の標準化やマニュアル化、部下指導といった長期的な視点での取り組みを評価基準に含めます。具体的には、以下の項目を追加します。

○自己成長のための取り組み
○部下の教育・育成プログラムの実施
○改善提案や効率化の実績

2. 目標設定とフィードバックの強化：工事部課長と社員の間で明確な目標を設定し、短期的な成果と長期的な取り組みのバランスを取るよう指導します。定期的なフィードバックを通じて、長期的な視点での取り組みの重要性を認識させ、必要なサポートを提供します。

3．インセンティブの導入：長期的な取り組みに対する評価を明確にし、それに応じたインセンティブを導入します。例えば、標準化やマニュアル化の達成度、部下指導の成果に対して報奨金や昇進の機会を与えるなどです。

4．研修プログラムの実施：業務の標準化やマニュアル化、部下指導の重要性を理解させるための研修プログラムを実施します。これにより、社員が長期的な視点での取り組みの必要性を認識し、自発的に取り組む動機づけとなります。

5．役割分担の明確化：現場運営に専念する社員と、標準化やマニュアル化、部下指導に取り組む社員の役割を明確にし、適材適所での配置を行います。これにより、各社員が得意分野で最大の成果を挙げられるようにします。

以上のような対策を講じることで、目の前の業務に取り組むことの重要性を認識しつつも、長期的な視点での取り組みも評価される仕組みの構築が可能です。これにより、組織全体の持続可能な発展と効率化が進むことが期待されます。

その4
現場運営はできるが、資格をなかなか取らない人をどのように評価すべきか

建設業において、資格取得を重視する一方で、資格を持たずとも現場運営がうまくできる社員の評価は難しい問題です。この問題には以下のような具体的な課題があります。

問題点

1. 現場運営能力の高さ：現場業務の遂行能力に優れているものの、資格取得に対する意欲が低い状況が見られます。現場での経験や実績は豊富ですが、資格取得が進まないことで、組織全体のスキル基盤の強化につながらない懸念があります。
2. 資格未取得によるリスク：資格を持たないことによって、将来的な昇進や責任あるポジションへの登用が難しくなる可能性があります。資格がないことがキャリアの成長を制約する要因となり得るため、組織としてもリスクを伴います。
3. 資格取得のメリットが伝わっていない：資格を取得することが個人や組織にもたらす

具体的なメリットが、社員に十分に伝わっていない状況です。資格取得がどのように業務に影響し、どのような利益をもたらすかが明確に理解されていないことが問題です。

4. モチベーションの欠如：資格取得に対するモチベーションが低く、社員が資格取得に取り組むための動機づけが不足している状況です。資格取得に必要な時間や費用が負担と感じられている場合もあり、これが資格取得への取り組みを妨げています。

解決策

1. 資格取得のインセンティブ強化：資格取得に対する報奨金制度や昇進の条件を明確にし、社員が資格取得に対して積極的に取り組むように促すべきです。具体的には、資格取得手当を増加させるなど、目に見える形でのインセンティブを提供することが効果的です。

2. キャリアプランの明示：資格取得が将来的なキャリアアップに直結することを、社内で明確に示す必要があります。資格があることでより高い役職や重要な業務を担当できるようになることを強調し、社員にとって資格取得が自己成長や昇進に不可欠であることを認識させるべきです。

3. サポート体制の整備：資格取得を促進するために、学習時間の確保や費用の補助制度を導入することが望ましいです。例えば、資格取得のための勉強時間を業務時間内に確保する制度や、資格試験の受験費用を会社が負担することで、社員が資格取得に集中できる環境を整備すべきです。

4. 資格取得の重要性を周知：社内での研修や説明会を通じて、資格取得が個人のスキル向上や業務の幅を広げるために重要であることを社員に伝えるべきです。また、資格取得が会社全体の成長にも寄与することを強調し、組織全体で資格取得を推奨する文化を醸成する必要があります。

5. 定期的な評価の見直し：現場での業務能力評価に加えて、資格取得状況をも考慮した総合的な人事評価制度を導入するべきです。資格を取得した社員が適切に評価される仕組みを作り、資格取得を目指す意欲を高めることが必要です。

これらの対策を実施することで、現場運営に優れているが資格取得のモチベーションが低い社員を適切に評価し、彼らのモチベーションを高めるとともに、組織全体のパフォーマンス向上を図ることが可能です。

その5

人を育てる風土がないので、若手社員が育たない

問題点

建設業界において、人を育てる風土が欠如しているため、若手社員が十分に育たないという問題が発生しています。これは組織全体の持続可能な成長にとって重大な障害となり得ます。具体的な問題点は以下の通りです。

1. 若手社員の成長機会の不足：若手社員に対する指導や育成が十分でないため、彼らの能力や知識が十分に伸びず、成長が遅れます。これにより、将来的なリーダーシップの欠如が懸念されます。
2. 経験の継承不足：経験豊富な社員から若手社員への知識やノウハウの継承が行われず、組織全体の技術力や業務効率が低下するリスクがあります。
3. モチベーションの低下：若手社員が成長の機会を見出せない場合、モチベーションが低下し、離職率の増加につながる可能性があります。これにより、組織の安定性が損

なわれます。

4．風土の定着の遅れ：人を育てる風土がない組織では、新しい取り組みや改善が進みにくく、業務の標準化や効率化が遅れます。

解決策

人を育てる風土を醸成し、若手社員が育つ環境を整えるためには、以下のような具体的な対策が必要です。

1．育成を評価基準に含める：人を育てる社員を適切に評価するために、育成活動を評価基準に組み込みます。具体的には、以下の項目を評価対象とします。

○部下や後輩への指導・教育の実績
○育成計画の策定と実施状況
○若手社員の成長とパフォーマンスの向上

2．メンター制度の導入：経験豊富な社員が若手社員をサポートするメンター制度を導入します。これにより、若手社員は実践的なアドバイスを受けながら成長でき、経験の継承もスムーズに行われます。

3．育成プログラムの強化：若手社員の成長を支援するための教育・研修プログラムを強化します。これには、技術的な能力だけでなく、リーダーシップやコミュニケーション能力の向上を目的としたプログラムも含まれます。

4. フィードバックと目標設定の徹底：定期的なフィードバックと明確な目標設定を通じて、若手社員の成長をサポートします。育成を担当する社員も同様に、フィードバックを受けて育成の効果を確認し、改善を図ります。

5. 育成活動へのインセンティブ：人材育成に積極的に取り組む社員に対して、インセンティブを提供します。例えば、育成活動の成果に応じた報奨金や昇進の機会を提供することで、育成へのモチベーションを高めます。

6. 社内コミュニティの活性化：社員同士の交流を促進するための社内イベントやワークショップを開催し、知識や経験の共有を促進します。これにより、自然と育成の風土が醸成されます。

7. トップダウンの育成文化の推進：経営陣が率先して育成の重要性を示し、全社的に人材育成の文化を推進します。トップダウンでのメッセージ発信により、組織全体で育成の重要性を共有し、実践する風土を形成します。

これらの対策を実施することで、人を育てる社員の評価を適切に行い、若手社員が成長できる環境を整えることができます。組織全体の技術力や業務効率の向上、持続可能な成長に寄与することが期待されます。

その6　現場責任者の責任が重く、なりたがらない人が多い

問題点

建設業において、現場責任者になると責任が重くなるため、現場責任者になりたがらない人が多いという問題が存在します。この問題が放置されると、以下のような具体的な課題が発生します。

1．リーダーシップの不足：現場責任者に適した人材が不足し、工事のリーダーシップが弱くなる可能性があります。これにより、現場の管理や業務遂行に支障をきたす恐れがあります。

2. 人材の偏在：現場責任者の役割を担う人材が限られるため、特定の社員に過度な負担がかかり、業務のバランスが崩れることがあります。

3. キャリアパスの停滞：現場責任者を敬遠する風潮が広がると、社員のキャリアパスが停滞し、組織全体の成長と発展が妨げられる可能性があります。

4. モチベーションの低下：重責を負うことへの不安や不満が社員のモチベーションを低下させる要因となり、組織全体の士気が下がる可能性があります。

解決策

現場責任者になりたい人を増やし、組織全体のリーダーシップを強化するためには、以下のような具体的な対策が有効です。

1. 評価基準の見直し：現場責任者の役割を評価基準に明確に反映し、その責任と業績を適切に評価します。具体的には、工事の進捗管理、問題解決能力、チームマネジメント能力などを評価項目に含め、現場責任者としての貢献を公正に評価します。

2. インセンティブの導入：現場責任者としての役割を担うことに対して、金銭的なインセンティブや昇進の機会を提供します。例えば、現場責任者手当や工事完了時の賞与など、具体的な報酬制度を導入することで、責任を引き受けることのメリットを明確にします。

3. トレーニングとサポートの強化：現場責任者に必要な能力や知識を習得するためのトレーニングプログラムを充実させます。また、現場責任者が困難に直面した際にサポートを受けられる体制を整え、安心して責任を引き受けられる環境を提供します。

4. メンタリング制度の導入：経験豊富な現場責任者が若手社員を指導するメンタリング制度を導入し、現場責任者へのステップアップを支援します。これにより、若手社員が現場責任者の役割に挑戦しやすくなります。

5. 役割の明確化と負担軽減：現場責任者の役割と責任を明確にし、過度な負担がかからないように業務分担を見直します。現場支援スタッフの配置や業務プロセスを改善し、現場責任者の負担を軽減します。

6. 成功事例の共有：現場責任者として成功した事例を社内で共有し、ロールモデルを示すことで、現場責任者への挑戦を促します。成功した現場責任者の体験談や成果を共有することで、ポジティブなイメージを醸成します。

7. キャリアプランの明確化：現場責任者を経た後のキャリアプランを明確にし、長期的なキャリアビジョンを描けるようにします。現場責任者の経験と、将来的にどのような役職や機会が開かれるかを具体的に示すことで、動機づけを強化します。

これらの対策を実施することで、現場責任者の責任を引き受けることに対する不安を軽減し、現場責任者になりたい人を増やすことができます。結果として、組織全体のリーダーシップが強化され、工事の成功率や業務効率の向上が期待されます。

第 13 部

建設会社の人事評価基準

その1

5つの人事評価基準とは

建設会社の人事評価において重要な5つの評価基準を記載します。建設業は他産業と比べて、現地生産（現場で仕事をする）、一品生産（同じ工事は2つとない）という特徴があります。そのため、他産業と同じ評価基準で構築しても、納得感の高い人事評価となりません。建設会社に特有の5つの項目を基準にすることで、建設技術者の総合的なパフォーマンスを多角的に捉えられ、適切な評価と育成ができます。

① 勤務年数

勤務年数は、社員が企業に対して長期間にわたり貢献しているかを示す重要な指標です。建設工事は経験工学であり、工事経験や現場の知識が蓄積されることが、品質向上やリスク管理に直接影響を与えます。また長い勤務年数を持つ社員は、会社へのエンゲージメント（愛社精神・仲間意識）が高く、周囲に良い影響を与えます。

②　勤勉度

勤勉度は、社員が日々の業務にどれだけ真剣に取り組んでいるかを評価する基準です。建設業では、業務の正確さと安全性が極めて重要です。勤勉な社員は、ミスを減らし、効率的に業務を遂行するため、結果として原価低減や工事の円滑な進行に貢献します。

ここでいう勤勉度には、出勤率だけではなく、会議やイベントへの参加率、自身の能力向上への取り組み、部下育成の取り組み、改善提案の件数なども含めます。

③　勤務態度

勤務態度は、社員の職場での行動や他のスタッフとの協力関係を評価する基準です。建設現場ではチームワークが不可欠であり、社員が積極的にコミュニケーションを取り、協力的な姿勢を示すことが工事の成功に直結します。良好な勤務態度を持つ社員は、現場の士気を高め、職場の雰囲気を良くする役割を果たします。

勤務態度の尺度は、自社の理念や年度方針などを基に決めるのが良いでしょう。

④　職務能力

職務能力は、社員がその職務において必要とされる技術や知識をどれだけ有しているかを評価する基準です。建設業では、専門的な能力が求められるため、社員が高い職務能力を持っていることが、品質の高い施工や安全な作業環境の維持に直結します。職務能力の高さは、企業全体の技術力の向上にもつながります。

⑤ 個人業績

個人業績は、社員が具体的な成果をどれだけ挙げているかを評価する基準です。建設業では、個々の社員がどれだけ成果を挙げているかが、工事全体の成功に大きく影響します。個人業績を評価することで、社員のモチベーションを高め、企業の目標達成に向けた取り組みを促進できます。

その2

「①勤務年数」の評価方法

勤務年数の長さは、多くの経験を積んでいることであり、また高いエンゲージメント（愛社精神、仲間意識）を有していることの表れです。

「勤務年数」は以下の尺度で評価するのが良いでしょう。

○1年未満：初心者レベル。経験が少なく、知識や能力の習得段階にある。
○1～3年：初級レベル。業務に慣れ始め、基本的な知識と能力を持っている。
○4～7年：中級レベル。多くの業務に対応でき、工事の一部を責任を持って施工できる。
○8～10年：上級レベル。豊富な経験を持ち、専門的な知識や能力を活かして、現場責任者として業務を遂行できる。
○11年以上：エキスパートレベル。深い知識と広い経験を持ち、エンゲージメントが高く、会社全体にプラスの影響を与えている。

その3

「②勤勉度」の評価方法

勤勉に仕事に取り組む姿勢を有していることは、ミスなく効率的に勤務をしていることの表れです。

勤勉度は、出勤率、遅刻早退頻度のみならず、能力向上への取り組み、部下の育成、改善提案の頻度などによって評価します。

勤勉度の数値評価尺度

1．出勤率（出勤日数／全勤務日数×１００％）

〇１００％：20点

〇99％：18点

〇98％：16点

〇97％：14点

○96%：12点
○95%以下：10点

2．遅刻・早退の頻度
○遅刻・早退なし：20点
○1回：18点
○2回：16点
○3回：14点
○4回：12点
○5回以上：10点

3．能力向上への取り組み
○自主的に研修参加や資格取得をし、積極的に能力向上に努めている：20点
○定期的に自己研鑽を行い、能力向上に努めている：18点
○必要に応じて学習するが、自主的な取り組みは少ない：14点
○自主的な学習や能力向上への取り組みがほとんどない：12点
○学習や能力向上に対する関心がない：10点

4．部下育成への取り組み

○自主的に部下を育成し、部下の能力が向上している：20点
○定期的に部下育成し、部下の能力向上に努めている：18点
○時々部下育成を行うが、継続性に欠ける：16点
○部下がミスをすると指導するが、自主的な取り組みは少ない：14点
○部下育成への取り組みがほとんどない：12点
○部下育成に対する関心がない：10点

5．改善提案の頻度

○自主的に改善提案を行い、実際に成果が出ている：20点
○定期的に改善提案を行い、業務改善に努めている：18点
○時々改善提案を行うが、継続性に欠ける：16点
○必要に応じて改善提案をするが、自主的な取り組みは少ない：14点
○改善提案への取り組みがほとんどない：12点
○改善提案に対する関心がない：10点

その4

「③勤務態度～理念、方針順守度」の評価方法

会社の基本となる考え方（経営理念、ビジョン）や行動指針（年度方針）を守っているかを評価します。特に今年度力を入れて行動してほしいこと（例えば、働き方改革の推進、技術営業の推進、建設ＩＣＴの推進等）を年度方針の形で作成し、それを評価基準に含めることで、方針の社内への浸透を徹底できます。

図表13-1に、降籏が経営しているハタ　コンサルタント株式会社の勤務態度評価基準事例を記載します。

図表 13-1　ハタ コンサルタント株式会社の勤務態度評価基準事例

項目	内容	評価基準
経営理念	科学と技術に心を添えて（誠実に対応し、自ら努力を惜しまない）	1　仲間、顧客に対して誠意、真心で接しているか
		2　日々努力しているか
経営ビジョン	新たな価値の創造を通して、夢と信頼を提供します	3　新たな価値（商品、サービス）を提供しているか
ハタコンベーシック	感謝、前進、改革	4　笑顔と挨拶と報連相を重視して行動しているか
	5S の推進	5　身の回りの 5S を推進しているか
	エンパワーメント	6　自主的に行動しているか
	顧客重視	7　顧客重視の行動をしているか
	エンゲージメント（愛社精神、仲間意識）	8　愛社精神と仲間意識を高く持ち、全体最適の行動をしているか
	プラス思考	9　プラス思考の言動をしているか
今期方針	動機善なりや私心なかりしか	10　私心からではなく、善なる動機で行動しているか

その5

「④職務能力」の評価方法～必要能力一覧表

職務の遂行能力を評価するためには、階層ごとの必要能力一覧表が必要です。図表13－2は、それぞれの階層の技術者にどのような能力が必要なのかを一覧表にしたものです。1年目、2年目、3年目、4年目、5年目の必要能力一覧表の事例を図表13－3に記載します。

なお、ハタ コンサルタント株式会社では土木、建築、建築設備（空調、衛生）、電気、機械プラント技術者、現場事務職、専門工事会社職長の必要能力一覧表詳細版を提供しています。QRコードにアクセスすることによりダウンロードができます。人事評価能力基準の作成のために、ご活用ください。

土木、建築、建築設備（空調、衛生）、電気、機械プラント技術者の必要能力一覧表はこちらからダウンロードすることができます。

なお、例えば測量に関する知識があることと、測量ができることとは異なります。部下が測量をできるかどうか（行動）を上司が評価できますが、部下に測量に関する知識があることを評価はできません。頭の中は見えないからです。

必要な職務遂行能力は、以下の順で向上します。

知識（わかる）↓行動（できる）↓成果（喜ばれる）

そこで、「職務能力」は、部下が有する知識（わかる）ではなく、部下の行動（できる）を評価することが重要です。そのため、必要能力一覧表には、「〜できる」という行動を規定する用語で記載する必要があります。「〜を理解している」「〜の知識がある」という表現では、上司がその有無を評価することができません。

また人材育成の観点では、部下に職務遂行能力を身につけさせるために、上司や会社がどのようにして指導をするかが重要です。

人材育成の手法は、ＯＪＴ（職場内教育）、ＯＦＦ‐ＪＴ（職場外教育）の２つに分かれます。

必要能力一覧表には、必要な能力とともに、指導方法を記載します。そのことで、上司や会社は部下に必要能力を身につけさせるために、どのような方法で指導すればよいかがわかります。

OJT

A 現場指導：現場の上司・先輩が部下を指導する

B 社内研修：施工検討会、現場見学会で学ぶ

OFF-JT

C 社外研修：外部研修にて学ぶ

D 教材：書籍、動画教材などを用いて学ぶ

図表 13-2 土木施工管理技術者必要能力一覧表／育成方法（新入社員～工事部課長）

新入社員

項目			必要能力	育成方法
現場力	技術力	品質	写真を撮ることができる　測量器械を操作できる 図面を読むことができる	D 写真撮影書籍　A 現場指導 B 社内研修
		原価	出面を取ることができる 歩掛りをまとめることができる	A 現場指導
		工程	工程表を読み取ることができる	D 工程管理書籍
		安全	KYK を実施できる 自分の安全を守ることができる	A 現場指導 C 新入社員研修
		環境	マニフェストを作成することができる	A 現場指導
	現場基礎力	前に踏み出す力	KYK や現場ミーティングで発言することができる	A 現場指導
		考え抜く力	自分の仕事の仕方を見直すことができる	A 現場指導
		コミュニケーション能力	挨拶、マナーが身についている 職人と話すことができる	C 新入社員研修 A 現場指導

若手社員（入社5年程度）

項目			必要能力	育成方法
現場力	技術力	品質	共通仕様書、規格値をもとに、 作業手順書を作成できる	C 若手社員研修 A 現場指導
		原価	歩掛りを基に原価計算ができる 小規模工事の実行予算の作成ができる	C 若手社員研修 D 原価管理書籍
		工程	全体工程をもとにして月間工程表、 週間工程表を作成できる	C 若手社員研修 A 現場指導
		安全	安全衛生会議を開催できる 届出書類を作成できる	C 若手社員研修 A 現場指導
		環境	届出書類を作成できる	C 若手社員研修 A 現場指導
	現場基礎力	前に踏み出す力	工事案件を自ら進んで担当することができる	A 現場指導
		考え抜く力	職場や現場の改善提案を考えることができる	A 現場指導
		コミュニケーション能力	近隣、協力会社と良好な関係を築くことができる	C 若手社員研修 A 現場指導

現場代理人(経験10～20年程度)

項目			必要能力	育成方法
現場力	技術力	品質	施工計画書を作成できる 設計変更協議書を作成できる	C 現場代理人研修 A 現場指導
		原価	中・大規模工事の実行予算を作成できる 原価低減ができる	A 現場指導 C 現場代理人研修
		工程	全体工程表を作成できる 工期短縮ができる	B 社内研修 C 現場代理人研修
		安全	安全パトロールで指摘できる リスクアセスメントを実施できる	B 社内研修 C 現場代理人研修
		環境	環境関連法を理解し実践している	C 現場代理人研修 D 環境法書籍
	現場基礎力	前に踏み出す力	新技術、新工法にチャレンジすることができる	A 現場指導
		考え抜く力	技術提案、創意工夫、プロポーザル提案を 考案することができる	C 経営研修 D ビジネス書
		コミュニケーション能力	発注者、協力会社との交渉ができる 地元説明会にてプレゼンができる	C 現場代理人研修 D 交渉力書籍

工事部課長(経験20年～程度)

項目			必要能力	育成方法
現場力	技術力	品質	施工計画書のチェックができる 社内検査を実施できる	A 現場指導 B 社内研修
		原価	予算検討会を開催できる 原価管理システムの構築ができる	C 部課長研修 D 原価管理書籍
		工程	工程短縮提案ができる新工法を提案できる	C 部課長研修 C 新技術研修
		安全	店社パトロールで指摘できる 監督署対応ができる	A 現場指導 B 社内研修
		環境	予防処置を立案できる	C リスクマネジメント研修
	現場基礎力	前に踏み出す力	経営層に現場の意見を提言して 実現することができる	A 現場指導
		考え抜く力	中期（3～5年）経営戦略を 考えることができる	C 経営研修 D ビジネス書
		コミュニケーション能力	もめた現場を収められる 不祥事の対応ができる	A 現場指導 B 社内研修

図表 13-3 土木施工管理技術者必要能力一覧表／育成方法（1 年目～ 5 年目）

1年目

項目			細項目	必要能力	育成方法
現場力	技術力	品質	図面の作成	設計図を読み取ることができる	A現場指導　C施工図研修
			施工計画書の作成	施工計画書のファイリングができる	A現場指導
			資機材の納入仕様書	資機材の納入計画を理解できる	A現場指導　B新入社員研修
			各種試験・検査	試験、検査日程を理解している	A現場指導　B新入社員研修
			測量、技術計算	トランシット、レベルを据え付けることができる	A現場指導　B新入社員研修
			写真整理	指定された写真を撮影できる	A現場指導　B新入社員研修
		原価	実行予算書の作成	出面から歩掛かりを算出することができる	A現場指導
			請求書のチェック	材料請求書の数量と納品書の突合ができる	A現場指導　B新入社員研修
			原価低減	労務の歩掛かり、材料の歩留まりを意識できる	A現場指導　C新入社員研修
			見積もり書の作成	見積書を読み取ることができる	A現場指導
		工程	毎日の作業管理	朝礼時に当日の作業内容を作業員に説明できる	A現場指導　B新入社員研修
			工程表作成	週間工程表が読める	A現場指導　C新入社員研修
			諸官庁届	着工届が作成できる	A現場指導　C新入社員研修
			資機材の手配	資機材の図面が読み取れる	A現場指導　C新入社員研修
			労務の平滑化	各労務の役割を理解できる	A現場指導　B新入社員研修
		安全	KYK・リスクアセスメント	朝礼時に、当日の作業の危険予知を発表できる	A現場指導
			昼礼（安全調整会議）	毎日の昼礼に出席し、聞いた内容を作業員に伝達できる	A現場指導
			作業環境の整備	5Sを理解している	A現場指導
			安全巡回	危険な作業に気づくことができる	A現場指導　B新入社員研修
		環境	マニフェストの理解	マニフェストを作成することができる	C環境管理研修
			近隣対応	近隣住民に対して気持ちよく挨拶することができる	A現場指導
			環境影響評価	産業廃棄物の分別ができる	A現場指導
	現場基礎力	コミュニケーション能力	施主とのコミュニケーション	毎日の工事打ち合わせで発言できる	A現場指導　C新入社員研修
			対協力会社とのコミュニケーション	協力会社と対等に話をすることができる	A現場指導　C新入社員研修
			社内のコミュニケーション	上司とコミュニケーションをとることができる	A現場指導　C新入社員研修

2年目

項目			細項目	必要能力	育成方法
現場力	技術力	品質	図面の作成	仮設計算をして、計画図を作成することができる	A現場指導　C施工図研修
			施工計画書の作成	自分の担当する工種の要領書がチェックできる	A現場指導
			資機材の納入仕様書	仕様書から搬入が必要な資機材を抽出することができる	A現場指導　C技術研修
			各種試験・検査	必要な試験を実施することができる	A現場指導
			測量、技術計算	効率的に測量、墨出しができる	A現場指導
			写真整理	写真管理基準に基づいた工事看板の記入ができる	A現場指導
		原価	実行予算書の作成	施工数量を計算できる	A現場指導
			請求書のチェック	自分の担当業種の請求書をチェックできる	A現場指導
			原価低減	現場を確認し、無駄な作業、無駄な材料がないかチェックできる	A現場指導
			見積もり書の作成	工事中の変更内容から、増減の数量を拾い出せる	A現場指導　B社内研修
		工程	毎日の作業管理	毎日の昼礼で、明日の作業を他業者に報告できる	A現場指導
			工程表作成	翌週の工程表を作成できる	A現場指導
			諸官庁届	道路占用許可申請書が作成できる	A現場指導
			資機材の手配	資機材の受け取りができる	A現場指導
			労務の平滑化	労務の山積みができる	A現場指導
		安全	KYK・リスクアセスメント	リスクアセスメントにより危険度の評価ができる	A現場指導　B社内研修
			昼礼（安全調整会議）	毎日の昼礼で、搬入時間や揚重機の時間調整ができる	A現場指導
			作業環境の整備	作業に必要な設備を確保することができる	A現場指導　B社内研修
			安全巡回	危険な作業を指摘し、作業を中止させることができる	A現場指導　B社内研修
		環境	マニフェストの理解	廃棄物業者の契約を管理することができる	C環境管理研修
			近隣対応	近隣住民に対する工程表を作成できる	A現場指導
			環境影響評価	自然、周辺環境に対する影響を理解できる	A現場指導
	現場基礎力	コミュニケーション能力	施主とのコミュニケーション	作業間調整、打ち合わせができる	A現場指導
			対協力会社とのコミュニケーション	協力会社に指示をすることができる	A現場指導
			社内のコミュニケーション	社内会議で発言ができる	A現場指導

3年目

項目			細項目	必要能力	育成方法
現場力	技術力	品質	図面の作成	詳細図を作成することができる	A現場指導　C施工図研修
			施工計画書の作成	工種別の施工要領書が作成できる	A現場指導 C新任現場責任者研修
			資機材の 納入仕様書	図面をチェックし、納入業者へ修正依頼ができる	A現場指導　C技術研修
			各種試験・検査	必要な検査を実施することができる	A現場指導 C新任現場責任者研修
			測量、技術計算	座標計算ができる	D測量書籍
			写真整理	撮影済みの写真の採否を判別できる	A現場指導　B社内研修
		原価	実行予算書の作成	実行予算書の内容を理解できる	A現場指導　D原価管理書籍
			請求書のチェック	担当業種の残工事の予算を計算できる	A現場指導
			原価低減	労務や材料の原価低減が提案できる	A現場指導 C新任現場責任者研修
			見積もり書の作成	工事中の変更見積もりを作成できる	A現場指導　B社内研修
		工程	毎日の作業管理	月間工程表を基に、作業が必要な日程を 把握できる	A現場指導
			工程表作成	翌月の工程表を作成できる	A現場指導 C新任現場責任者研修
			諸官庁届	諸官庁への届け出を作成できる	A現場指導
			資機材の手配	図面から必要な資機材を拾い出し発注できる	A現場指導
			労務の平滑化	工程から、日ごとの必要人員を想定できる	A現場指導
		安全	KYK・ リスクアセスメント	KYKを主導して行い、リスクアセスメントに より安全対策を策定できる	A現場指導　B社内研修
			昼礼 （安全調整会議）	昼礼で職長に安全衛生指示事項を伝達できる	A現場指導　B社内研修
			作業環境の整備	作業に必要な足場の点検ができる	C社外研修（技能講習）
			安全巡回	担当現場以外の現場で安全巡回の 責任者ができる	A現場指導　B社内研修
		環境	マニフェストの理解		
			近隣対応	近隣住民の要望に合わせた作業方法を 指示できる	A現場指導
			環境影響評価	環境影響評価ができる	D環境管理書籍
	現場基礎力	コミュニケーション能力	施主との コミュニケーション	施主と打ち合わせをすることができる	A現場指導
			対協力会社との コミュニケーション	協力会社からの質問に的確に回答する ことができる	A現場指導
			社内の コミュニケーション	社内の雰囲気を明るくすることができる	D人材育成書籍

4年目

項目			細項目	必要能力	育成方法
現場力	技術力	品質	図面の作成	設計図書を照査することができる	A現場指導　C施工図研修
			施工計画書の作成	大型機器の搬入計画書が作成できる	A現場指導　C技術研修
			資機材の納入仕様書	納入業者と打ち合わせして、修正依頼ができる	A現場指導　C技術研修
			各種試験・検査	試験、検査後の手直しを指示することができる	A現場指導　C技術研修
			測量、技術計算	測量リーダーとして工期に合わせた測量ができる	A現場指導
			写真整理	現場に応じた写真管理基準を策定できる	A現場指導　B社内研修
		原価	実行予算書の作成	実行予算書の作成ができる	A現場指導　D原価管理書籍
			請求書のチェック	材料価格の相場を把握し、単価の確認ができる	A現場指導　D原価管理書籍
			原価低減	技術計算に基づいた、低コストの施工図・図面を作図できる	A現場指導　C技術研修
			見積もり書の作成	小規修案件の見積もりを作成できる	A現場指導　B社内研修
		工程	毎日の作業管理	全体工程を基に乗り込み時期の確認ができる	A現場指導　B社内研修
			工程表作成	全体工程表を作成できる	A現場指導　B社内研修
			諸官庁届	工事に必要な届出時期を理解している	A現場指導
			資機材の手配	製作・手配時間を加味して、資機材の手配計画が作成できる	A現場指導　B社内研修
			労務の平滑化	労務の山崩しができる	A現場指導
		安全	KYK・リスクアセスメント	安全関係申請書を作成できる	A現場指導　B社内研修
			昼礼（安全調整会議）		
			作業環境の整備	現場に必要な設備を計画できる	C社外研修（技能講習）
			安全巡回	再発防止処置を立案することができる	A現場指導　B社内研修
		環境	マニフェストの理解		
			近隣対応	近隣住民に工事内容を説明することができる	Cプレゼンテーション研修
			環境影響評価	環境影響評価をもとに対策を立案することができる	D環境管理書籍
	現場基礎力	コミュニケーション能力	施主とのコミュニケーション	施主の要望に応じて提案書を作成することができる	C提案研修
			対協力会社とのコミュニケーション	協力会社と交渉をすることができる	C交渉研修
			社内のコミュニケーション	部下を育成することができる	C人材育成研修

5年目

項目			細項目	必要能力	育成方法
現場力	技術力	品質	図面の作成	設計図書を見落としなくチェックすることができる	A現場指導　C施工図研修
			施工計画書の作成	顧客要望を踏まえた施工計画書を作成できる	A現場指導　C現場代理人研修
			資機材の納入仕様書	資機材の納入仕様書がチェックできる	A現場指導　C現場代理人研修
			各種試験・検査	検査、試験後の再発防止策を考案できる	A現場指導　C現場代理人研修
			測量、技術計算	土留め、足場の仮設計算をすることができる	B社内研修
			写真整理		
		原価	実行予算書の作成	実行予算に基づいた発注交渉ができる	A現場指導　C現場代理人研修
			請求書のチェック	工事費などの請求が契約書の条件通りか確認できる	A現場指導　D原価管理書籍
			原価低減	施主に対し、VE提案ができる	A現場指導　C技術提案研修
			見積もり書の作成	大規模案件の見積もりを作成できる	B社内研修
		工程	毎日の作業管理	全工程での労務予測を立てることができる	A現場指導　B社内研修
			工程表作成	全体工程の工期短縮提案ができる	A現場指導　C現場代理人研修
			諸官庁届	発注者に届出内容を説明できる	A現場指導
			資機材の手配	変更工程に対応して機器の搬入ができる	A現場指導
			労務の平滑化	全体工程を調整し労務の平滑化を図ることができる	A現場指導　B社内研修
		安全	KYK・リスクアセスメント	リスクアセスメント結果を全作業員に周知できる	A現場指導
			昼礼（安全調整会議）		
			作業環境の整備		
			安全巡回	安全パトロール報告書を作成することができる	A現場指導　B社内研修
		環境	マニフェストの理解		
			近隣対応	近隣住民のクレームに対応することができる	C交渉研修
			環境影響評価		
	現場基礎力	コミュニケーション能力	施主とのコミュニケーション	施主と交渉をすることができる	A現場指導　C現場代理人研修
			対協力会社とのコミュニケーション	協力会社との交渉を有利に進めることができる	A現場指導　C現場代理人研修
			社内のコミュニケーション	部門長に技術提案ができる	A現場指導　C現場代理人研修

その6

現場責任者、工事部課長　昇進基準

建設会社の人事配置のポイントは、現場責任者に就任する際と、工事部課長に就任する際の2点です。現場責任者や工事部課長の資質がない人を配置してしまうと、会社に大きなマイナスの影響を与えてしまいます。

そのため、この2つのポイントに対する昇進基準を定めておく必要があります。

図表13－4、図表13－5に昇進基準の事例を記載します。

図表 13-4　現場責任者 昇進基準 15

特　徴	内　容
1 必要能力	現場責任者として必要な能力を有している（必要能力一覧表参照）
2 前に踏み出す力	現場での判断力が早く、素早く業務ができる
3 考え抜く力	困難な問題に対して、ギリギリまで考え抜くことができる
4 コミュニケーション能力	親密力、調査力、プレゼン力、交渉力があり、関係者とスムーズなやりとりができる
5 文章力	相手に意図が通じるような施工計画書、指示書、報告書等を作成できる
6 論理力	数値を用いて論理的に説明できる
7 顧客、近隣住民、協力会社対応	顧客、近隣住民、協力会社との対応が良く、信頼されている
8 計画性	計画的に業務を実施し、前半主義で業務を進めることができる（前半主義：工程 50％経過時に業務進捗 70％を目指して業務を実施する）
9 先進性	新技術、新工法、ICT 技術など先進技術を率先して活用できる
10 リスクアセスメント	品質、原価、工程、安全、環境に関して予測される問題点を想定し、予防・緩和案を立案できる
11 原価意識	工事の原価や業務のムダを意識して常に低減する方法を考えることができる
12 トラブル対応	現場のトラブルやクレームに対して、的確に処理ができる
13 改善提案	常に施工方法の改善、業務実施方法の改善を考えて提案できる
14 支援を得る力	上司や専門家の支援を得て、成果を出すことができる
15 意見を活かす力	部下や協力会社から意見を聞き、施工方法に活用できる

図表13-5　工事部課長 昇進基準15

特　徴	内　容
1 経営者、経営幹部との関係	経営者、経営幹部と密にコミュニケーションを取り、適切な報告、連絡、相談ができる
2 経営者の思いの伝達	経営理念、方針をわかりやすく部下に伝え、理解させ、実行させることができる
3 一芸がある	誰にも負けない自分の得意な仕事（得意な工種、得意な業務）がある
4 部下の育成、指導	部下の意欲を高め、適切に指導ができる。担当部門の教育体系を構築できる
5 言動がプラス	立ち居振る舞いや言動に品があり、周囲の人の模範となる行動ができる
6 考え方に軸がある	軸となる考え方を持っており、ぶれずにその考え方を徹底できる
7 自分と周囲に厳しい	約束、ルール、目標は必ず守り、周囲に守らせることができる。緩んだ空気を好まず、厳しく接することができる
8 組織の活性化	結果を出すことにこだわり、また部下の仕事をしやすい環境をつくることができる
9 心身のタフさ	身体も心もタフで、どんな状況でも行動し続けることができる
10 成長意欲	自らの成長意欲が高く、常に勉強して刺激を受けている。わからないことはすぐに調べてわかるようにしている
11 工事管理力	複数の工事の課題を把握し、各現場責任者に適切に指示ができる
12 部下に対する公平な評価	現場を常に巡視しており、現場の状況を把握、指導し、現場責任者を公平に評価ができる
13 若手の抜擢	現場責任者として活躍できる若手社員を見出し、場を与えることができる
14 部下の指導	部下に嫌われたり、嫌がられたりすることを厭わず、言うべきこと、厳しいことを堂々と言うことができる
15 後継部課長の育成	自分の後継の部課長を決め、計画的に教育ができる

その7 資格手当と支給基準の作り方

社員の持つ能力を評価する手段の一つとして資格保有の有無があります。とりわけ建設業では、資格を取得することは重要です。資格がなければできない仕事が多いからです。資格の有無は会社の業績に直結するため、資格手当を支給するのが良いでしょう。

図表13‐6「資格手当と有用度」には、資格手当（月額）の相場とその有用度を記載しました。行う業務に対して有用度が高い資格をA、B、Cの順にランク付けをしました。Aランクの資格がもっとも有用度が高いということです。

また資格試験を受験する際の受験費用、試験日を勤務扱いにするか、交通費、宿泊費の負担、日当を支払うかについて、制度化しておくのが良いでしょう。また合格後、登録費用が必要な資格があるため、その負担区分も決めておきましょう。図表13‐7「資格試験の費用負担」に多くの建設会社が実施している制度例を示します。参考にしてください。

なお、社員の資格取得を促すために、意図的に手当を増やす建設会社があります。ある建設会社では、1級施工管理技士の取得が進まないため、5年間の期間限定で一時金を100万円としたところ多くの合格者を輩出できました。社員本人のモチベーションが上がるとともに、配偶者の応援を強める効果もあったようです。

図表 13-6　資格手当と有用度

	資格名	報奨金（一時金）	資格手当（月額）	有用度				
				土木職	建築職	建築設備職	電気職	事務職
土木	2級土木施工管理技士	50,000	5,000	A	A	B	B	B
	1級土木施工管理技士	100,000	10,000	A	A	B	B	B
	2級造園施工管理技士	50,000	5,000	A	B	B	B	B
	1級造園施工管理技士	100,000	10,000	A	B	B	B	B
	2級舗装施工管理技士	50,000	5,000	A	B	B	B	B
	1級舗装施工管理技士	100,000	10,000	A	B	B	B	B
	2級建設機械施工管理技士	50,000	5,000	A	B	B	B	B
	1級建設機械施工管理技士	100,000	10,000	A	B	B	B	B
	技術士（建設部門）	200,000	20,000	A	B	B	B	B
	コンクリート主任技士	80,000	8,000	A	A	B	B	B
	コンクリート技士	40,000	4,000	A	A	B	B	B
	コンクリート診断士	80,000	8,000	A	A	B	B	B
	測量士	40,000	4,000	B	B	B	B	B
建築	2級建築施工管理技士	50,000	5,000	A	A	A	A	B
	1級建築施工管理技士	100,000	10,000	A	A	A	A	B
	二級建築士	100,000	10,000	B	A	A	A	B

	資格名	報奨金（一時金）	資格手当（月額）	有用度				
				土木職	建築職	建築設備職	電気職	事務職
建築	一級建築士	200,000	20,000	B	A	A	A	B
	建築CAD検定試験3級	20,000	2,000	B	B	B	B	B
	建築CAD検定試験2級	30,000	3,000	B	B	B	B	B
	建築CAD検定試験准1級	40,000	4,000	B	B	B	B	B
	構造設計一級建築士	200,000	20,000	B	A	A	B	B
	設備設計一級建築士	200,000	20,000	B	A	A	B	B
建築設備	2級管工事施工管理技士	50,000	5,000	B	A	A	B	B
	1級管工事施工管理技士	100,000	10,000	B	A	A	B	B
	建築設備士	200,000	20,000	B	A	A	B	B
	技術士（衛生工学部門）	200,000	20,000	B	A	A	B	B
電気	2級電気工事施工管理技士	50,000	5,000	B	A	B	A	B
	1級電気工事施工管理技士	100,000	10,000	B	A	B	A	B
	2級電気通信工事施工管理技士	50,000	5,000	B	A	B	A	B
	1級電気通信工事施工管理技士	100,000	10,000	B	A	B	A	B
	第二種電気工事士	30,000	3,000	B	B	B	A	B
	第一種電気工事士	40,000	4,000	B	B	B	A	B

	資格名	報奨金（一時金）	資格手当（月額）	有用度				
				土木職	建築職	建築設備職	電気職	事務職
電気	第三種電気主任技術者	200,000	20,000	B	B	B	A	B
	技術士（電気電子部門）	200,000	20,000	B	B	B	A	B
事務	1級建設業経理士	30,000	3,000	B	B	B	B	A
	2級建設業経理士	20,000	2,000	B	B	B	B	A
	3級建設業経理事務士	15,000	1,500	B	B	B	B	A
	4級建設業経理事務士	10,000	1,000	B	B	B	B	A
	宅地建物取引士	100,000	10,000	C	C	C	C	B

図表 13-7 資格試験の費用負担

有用度	受験費用	試験日			登録費用
		業務	交通費宿泊費	日当	
Aランク	合格時に支払う	休日でも出勤扱い	会社負担	支給する	会社負担
Bランク	合格時に支払う	勤務日のみ出勤扱い	会社負担	支給する	個人負担
Cランク	合格時に支払う	勤務日のとき欠勤扱い	自己負担	支給しない	個人負担

その8

「⑤個人業績」の評価方法

個人業績は、生産性によって評価します。この指標が会社への貢献度をもっとも的確に示す尺度だからです。

その際、人時生産性（1人1時間あたりの生産性）、もしくは人月生産性（1人月あたり生産性）で評価する方法があります。

人時生産性（1人1時間あたり限界利益）算出方法

$$\frac{\text{月次完成工事高}-(\text{月次外注費、資材費、現場経費})}{\text{月間勤務時間}}$$

算出事例：月次完成工事高 1,000 万円、外注費等 850 万円、
残業 40 時間の場合

$$\frac{\text{月次完成工事高 1,000 万円}-(\text{月次外注費、資材費、現場経費})\text{ 850 万円}}{\text{月間勤務時間 22 日}\times\text{ 8 時間/日}+\text{残業 40 時間/月}}=\text{6,944 円/人時}$$

人月生産性（1人月あたり限界利益）算出方法

$$\frac{\text{月次完成工事高}-(\text{月次外注費、資材費、現場経費})}{\text{現場配置人数}}$$

算出事例：月次完成工事高 2,500 万円、外注費等 2,100 万円を
3人の社員で施工した場合

$$\frac{\text{月次完成工事高 2,500 万円}-(\text{月次外注費、資材費、現場経費})\text{2,100 万円}}{\text{3 人}}=\text{133 万円/人月}$$

人時生産性の目安は以下の通りです。
A評価　7000円／人時以上
B評価　5000〜7000円／人時
C評価　5000円／人時未満

なお、人月生産性を考える際に、基本となる評価基準は以下の通りです。

優　給料の3倍以上の人月生産性を計上
良　給料の1〜3倍以上の人月生産性を計上
可　給料の1倍の人月生産性を計上
不可　給料の1倍未満の人月生産性を計上

よく「給料の3倍稼げ」と言いますが、正確には「給料の3倍の人月生産性を上げよ」ということです。例えば、給料50万円／人月（賞与含む）の社員であれば、50万円×3月＝150万円／人月の人月生産性を上げよということです。

人月生産性の目安は以下の通りです。
Ａ評価　１５０万円以上
Ｂ評価　１００万〜１５０万円
Ｃ評価　１００万円未満

なお、前述したように、個人業績は現場条件によって影響を受けます。工事を受注した当初より予算、工程が厳しい案件があります。また施工時に悪天候、近隣住民からの苦情の多さ等の影響を受けることがあります。そのため、以下のように補正することでより公平な評価とすることができます。

評価事例
条件が悪い工事案件：生産性に１・１倍する
条件が良い工事案件：生産性に０・９倍する
条件が普通の工事案件：そのまま

図表 13-8　技術職員 1 人あたり完成工事高

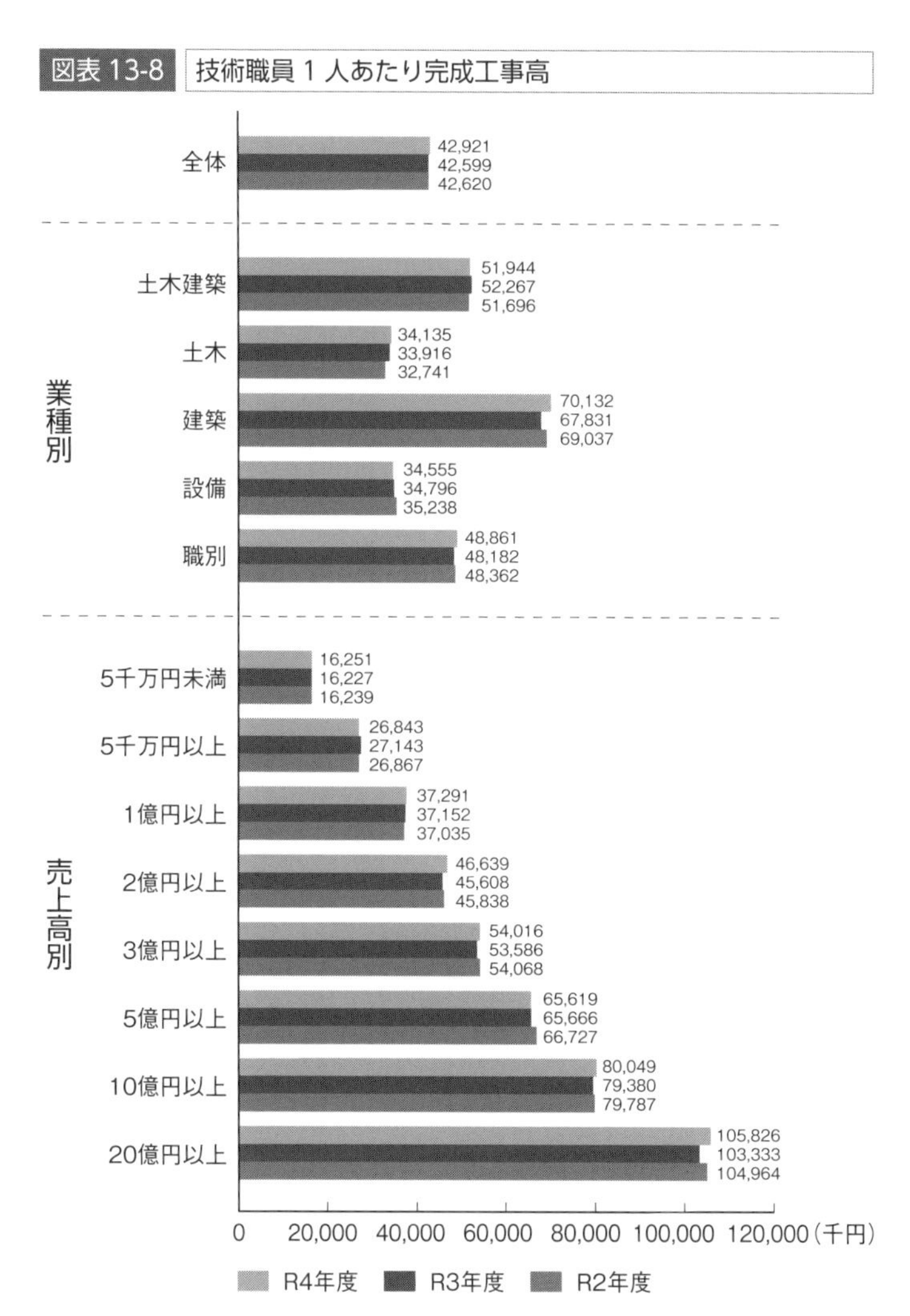

（出所）一般財団法人建設業情報管理センター「建設業の経営分析〈令和 4 年度〉」。

・完成工事高（1人あたり完成工事高）

技術職1人あたりの完成工事高を評価基準にすることもあります。1人の社員が多くの工事を施工できるということは、効率的に業務をしている証拠となるからです。業務の標準化、ICTの活用、業務の外注化を進めることで、1人あたり完成工事高を高めることができます。また、規模の大きな工事や、複雑ではない工事を担当すると、1人あたり完成工事高は高くなります。土木、建築などの職種によって1人あたり完成工事高は異なります。

ただし利益の出ない工事を多く施工しても会社への貢献度は低いので、この指標を評価基準とする際には、注意が必要です。

図表13－8に技術職員1人あたり完成工事高を示します。参考にしてください。

これら5つの評価基準を用いることで、人が育つ人事評価制度を構築することができます。

著者紹介

北見昌朗（きたみ・まさお）

1959年、名古屋市生まれ。株式会社北見式賃金研究所（本社名古屋市）所長。中小企業向けに賃金改定案を提案する賃金コンサルタント業を行う。賃金明細を大量に集めて賃金相場を明らかにする「ズバリ！　実在賃金」という調査研究を毎年続けている。「独自の調査研究により、中小企業の発展に寄与する、実践的な賃金制度を提案しよう」がモットー。

著書に『これだけは知っておきたい！ 中小企業の賃金管理』、『人材獲得型M&Aの成功法則「賃金デューデリ」で買収先の人材レベルを確認する』（ともに東洋経済新報社）など多数。

降籏達生（ふるはた・たつお）

ハタ コンサルタント株式会社代表取締役

1961年、兵庫県神戸市生まれ。小学生の時に映画「黒部の太陽」を観て、困難に負けずにトンネルを掘り進む男たちの姿に憧れる。83年に大阪大学工学部土木工学科を卒業後、熊谷組に入社。ダム、トンネル工事等に参画。阪神淡路大震災にて故郷神戸市の惨状を目の当たりにして開眼、建設コンサルタント業を始める。国土交通省「地域建設産業生産性向上ベストプラクティス等研究会」、「キャリアパスモデル見える化検討会」等の委員を歴任。メールマガジン「がんばれ建設」は読者数2万5000人。

著書に『図解即戦力 建設業界のしくみとビジネスがこれ1冊でしっかりわかる教科書』（技術評論社）、『今すぐできる建設業の原価低減』（日経BP社）、『受注に成功する！ 土木・建築の技術提案』（オーム社）など多数。

小さな建設会社の賃金管理

これだけは知っておきたい！

2025年2月11日発行

著　者――北見昌朗／降籏達生
発行者――山田徹也
発行所――東洋経済新報社
〒103-8345　東京都中央区日本橋本石町1-2-1
電話＝東洋経済コールセンター　03(6386)1040
https://toyokeizai.net/

装　丁………石間　淳
DTP………アイシーエム
印　刷………港北メディアサービス
製　本………積信堂
編集担当……岡田光司

Printed in Japan　ISBN 978-4-492-26122-4